零基础 学养殖

轻松学养鹌鹑

穆秀梅 主编

鹌鹑养殖入门，看这本就够了！

中国农业科学技术出版社

图书在版编目（CIP）数据

轻松学养鹌鹑 / 穆秀梅主编. —北京：中国农业科学技术出版社，2014.7（2024.9重印）
ISBN 978-7-5116-1679-1

Ⅰ.①轻… Ⅱ.①穆… Ⅲ.①鹌鹑-饲养管理 Ⅳ.①S839

中国版本图书馆 CIP 数据核字（2014）第 113664 号

责任编辑 张国锋
责任校对 贾晓红

出 版 者	中国农业科学技术出版社
	北京市中关村南大街 12 号　邮编：100081
电　　话	（010）82106636（编辑室）（010）82109702（发行部）
	（010）82109709（读者服务部）
传　　真	（010）82106631
网　　址	http://www.castp.cn
经 销 者	各地新华书店
印 刷 者	北京建宏印刷有限公司
开　　本	880mm×1 230mm　1/32
印　　张	5.75
字　　数	175 千字
版　　次	2014 年 7 月第 1 版　2024 年 9 月第 7 次印刷
定　　价	26.00 元

◆◆◆ 版权所有·侵权必究 ◆◆◆

编写人员名单

主　　编　穆秀梅

副 主 编　闫益波　淡江华

其他参编人员

　　　　　王树华　段栋梁　郭世栋

　　　　　李　童　康桂兰　韩洁茹

　　　　　景　丽　李连任

前言

鹌鹑养殖在我国有着悠久的历史，但是我国鹌鹑养殖从家庭副业步入畜牧产业的时间晚于其他畜禽。近年来，我国畜禽养殖业发展很快，畜禽养殖业已成为我国农业的支柱产业之一，随着现代畜牧业的发展，鹌鹑养殖已逐步走上规模化、产业化的道路，也已成为农、牧业从业者增加收入的重要来源之一。

近年来，随着社会的发展，人们生活水平不断提高，饮食结构也在不断改善。消费者逐渐认识到鹌鹑蛋不仅营养丰富，而且胆固醇含量很低，蛋质很细，很容易消化吸收；更重要的是还含有珍贵的芦丁、卵磷脂、脑素等成分，对高血压、糖尿病等慢性疾病有辅助疗效，是各种虚弱病者及老人、儿童及孕妇的理想滋补食品，同时还具有较好的护肤、美肤作用。鹌鹑肉是典型的高蛋白、低脂肪、低胆固醇食物，特别适合中老年人以及高血压、肥胖症患者食用。鹌鹑养殖具有投资小、占地少、资金周转快的特点，是一项发展前景广阔的饲养业，也是农民致富增收、促进农村经济发展的有效途径。

当前，从事鹌鹑养殖的农民朋友文化程度偏低，学习和掌握鹌鹑养殖技术能力较差，严重制约了养殖效益的提高。目前，市面上关于鹌鹑养殖的书籍不多，所以，针对文化程度较低，特别是针对初学鹌鹑养殖这些特定读者群体，我们编写了《轻松学养鹌鹑》这本书。该书语言简洁、通俗易懂、图文并茂，以期使读者能够"一看就懂、一学就会"，在轻轻松松中掌握鹌鹑养殖技术。

本书将轻松学养鹌鹑的原则贯穿始末,从养鹌鹑入门需要了解的信息和条件,到鹌鹑生产需要的笼舍建设、粪污处理、品种选择、饲料营养、饲养管理和疫病防治等方面的知识与技术进行了系统介绍。全书充分参考了多年来国内外鹌鹑研究领域的相关报道和研究成果,同时采纳了国内部分养殖场生产管理的实践经验,充分考虑了鹌鹑从业人员的技术需求,既有利于指导初入鹌鹑行业者建场及生产管理,也有利于提升已从事鹌鹑养殖者的实际操作及管理水平,提高养殖户抵御市场风险的能力,增加收入,促进我国鹌鹑产业可持续发展。

在编撰过程中,广泛参阅和引用了国内外众多学者的有关著作、文献的相关内容和图片,在此一并致谢!

鉴于编者水平有限,时间仓促,书中难免有遗漏和错误,敬请读者批评指正。

编　者
2014 年 5 月

目 录

第一章 养鹌鹑新手入门须知 ………………………… 1

第一节 我国鹌鹑业的养殖现状及发展前景 …………… 1
 一、我国鹌鹑业的养殖现状…………………………… 1
 二、国内主要的鹌鹑品种、品系及配套系…………… 2
 三、我国鹌鹑业的发展前景…………………………… 2
第二节 鹌鹑产品的经济及应用价值 …………………… 4
 一、鹌鹑产品的营养价值……………………………… 4
 二、鹌鹑产品的药用价值……………………………… 5
第三节 养鹑业的经营 …………………………………… 5
 一、经营养鹑业的基本要求…………………………… 5
 二、养鹑业的经营类型………………………………… 7
 三、养鹑场的经营……………………………………… 8
 四、养鹑场的管理……………………………………… 15

第二章 鹌鹑的形态特征及生活习性 ………………… 16

第一节 鹌鹑的形态特征 ………………………………… 16
第二节 鹌鹑的生活习性 ………………………………… 17

第三章 鹌鹑场的规划设计与建造 …………………… 19

第一节 鹌鹑场建设 ……………………………………… 19
 一、鹌鹑场场址的选择………………………………… 19

  二、鹌鹑场的规划与布局 …………………………………… 20
  三、养鹑的常用设备 ………………………………………… 23
 第二节 鹑舍的建造 ………………………………………… 28
  一、建造鹑舍的基本要求 …………………………………… 28
  二、育雏设施 ………………………………………………… 31
  三、常用的几种鹑舍的参考规格 …………………………… 32

第四章 鹌鹑品种及种鹑的选择与选配 …………… 34

 第一节 鹌鹑品种的形成及分类 …………………………… 34
  一、品种的形成 ……………………………………………… 34
  二、鹌鹑品种分类 …………………………………………… 35
 第二节 我国饲养的主要鹌鹑品种及特征 ……………… 35
  一、蛋用型鹌鹑品种及其主要特征 ………………………… 35
  二、肉用型鹌鹑品种及其主要特征 ………………………… 39
  三、鹌鹑的性别鉴定 ………………………………………… 42
 第三节 种鹑的选择与选配 ……………………………… 43
  一、种鹑的选择 ……………………………………………… 43
  二、种鹑的选配与配种方法 ………………………………… 45

第五章 鹌鹑的饲料与营养 ……………………………… 48

 第一节 鹌鹑常用的饲料原料及营养成分 ……………… 48
  一、能量饲料原料 …………………………………………… 48
  二、蛋白质饲料原料及其营养利用特点 …………………… 53
  三、矿物质元素饲料及其营养利用特点 …………………… 61
  四、饲料添加剂及其营养利用特点 ………………………… 65
 第二节 鹌鹑的营养需要 ………………………………… 71
  一、鹌鹑的饲养标准 ………………………………………… 71
  二、使用饲养标准应注意的问题 …………………………… 74
 第三节 鹌鹑饲料配方设计及生产技术 ……………… 74
  一、鹌鹑饲料配方设计 ……………………………………… 75
  二、鹌鹑饲料配方集锦 ……………………………………… 80

第六章 鹌鹑的人工孵化 …………………………………… 83

第一节 鹌鹑的人工孵化方法………………………………… 83
　一、热水缸孵化法………………………………………… 83
　二、电热毯孵化法………………………………………… 84
　三、煤油灯孵化法………………………………………… 84
　四、炕孵化法……………………………………………… 84
　五、机器孵化法…………………………………………… 85
第二节 孵化机的构造与性能………………………………… 85
　一、孵化器的构造………………………………………… 85
　二、孵化器应具备的性能………………………………… 86
第三节 孵化机的使用………………………………………… 87
第四节 孵化前的准备与种卵的选择………………………… 89
　一、孵化前的准备工作…………………………………… 89
　二、种卵的选择…………………………………………… 89
第五节 种蛋的消毒与保存…………………………………… 91
　一、种蛋的消毒方法……………………………………… 91
　二、种蛋的保存…………………………………………… 92
　三、种蛋的运输…………………………………………… 92
第六节 孵化………………………………………………… 93
　一、消毒…………………………………………………… 93
　二、孵化的条件…………………………………………… 93
第七节 鹌鹑胚胎逐日发育的主要特征……………………… 97

第七章 鹌鹑饲养管理技术 ………………………………… 99

第一节 鹌鹑一般饲养管理技术……………………………… 99
　一、饲养方式选择………………………………………… 99
　二、日常饲喂技术………………………………………… 99
　三、日常管理基本措施…………………………………… 101
　四、常规防疫制度………………………………………… 102
第二节 雏鹑的饲养管理技术………………………………… 102
　一、育雏前的准备工作…………………………………… 103

     二、鹑舍的环境控制……………………………………… 104
     三、雏鹑的饲养与管理…………………………………… 108
     四、雏鹑的引进与运输…………………………………… 110
   第三节　仔鹑的饲养管理…………………………………… 113
     一、种用仔鹑的饲养管理………………………………… 113
     二、蛋用仔鹑的饲养管理………………………………… 116
   第四节　产蛋鹑的饲养管理………………………………… 116
     一、产蛋鹑对环境的基本要求…………………………… 116
     二、产蛋鹑的饲养………………………………………… 118
     三、产蛋鹑的日常管理…………………………………… 120
     四、鹌鹑的产蛋规律与利用年限………………………… 122
     五、影响鹌鹑产蛋率的因素……………………………… 122
     六、提高鹌鹑冬季产蛋率的技术措施…………………… 126
   第五节　肉用鹌鹑的饲养管理……………………………… 127
     一、肉鹑适宜的饲养环境………………………………… 127
     二、肉鹑的饲料与饲喂方式……………………………… 129
     三、肉鹑的日常管理……………………………………… 129
     四、肉鹌鹑的出售………………………………………… 130

第八章　鹑病防治基础知识 ………………………………… 131

   第一节　疾病预防…………………………………………… 131
     一、搞好日常卫生消毒工作……………………………… 131
     二、做好免疫接种工作…………………………………… 132
     三、加强饲养管理………………………………………… 133
     四、鹌鹑粪污的无害化处理……………………………… 133
   第二节　鹌鹑的常见疾病及其防治………………………… 139
     一、传染病及其防治……………………………………… 139
     二、寄生虫病及防治……………………………………… 148
     三、常见中毒病及防治…………………………………… 150
     四、常见普通病及防治…………………………………… 151

第九章 鹌鹑产品的加工与贮藏 … 155
第一节 鹌鹑蛋的贮藏保鲜及加工方法 … 155
一、鹌鹑蛋的贮藏与包装 … 155
二、鹌鹑蛋的加工方法 … 157
第二节 鹌鹑的屠宰及加工 … 160
一、屠宰前的准备工作 … 160
二、屠宰工艺流程 … 162
第三节 鹑肉的贮藏保鲜及加工方法 … 163
一、鹑肉的贮藏保鲜 … 163
二、鹑肉的加工方法 … 164

参考文献 … 169

第一章

养鹌鹑新手入门须知

第一节 我国鹌鹑业的养殖现状及发展前景

一、我国鹌鹑业的养殖现状

据文献记载,野生鹌鹑约有20个品种,它们栖居于山岭田野,潜伏在杂草、芦苇或灌丛间,几乎世界各地都有其踪迹。野生鹌鹑的栖息场所一般是空旷的平原、溪流的岸边、矮小起伏的山脚或矮树丛。我国驯养鹌鹑的历史可追溯到公元前的西汉时期,西凉地区将经过驯化的鹌鹑进贡给唐明皇,这些鹌鹑可以随金鼓的节奏而争斗,民间斗鹌鹑的故事更是可闻。近百年来,人们又将野生鹌鹑饲养驯化为家禽,年产卵量由十几个提高到300多个。家鹑外形和雏鸡很相似,头小喙长尾巴短。经过长期的遗传改良,家鹑与野生鹌鹑有了很大的差别,如家鹑的颜色变深,体型变大,体重增加,繁殖力增强,但是丧失了抱窝就巢的习性和迁徙的能力。家鹑体形雌者略大于雄者,成年家鹑蛋用型体重100~150克,肉用型200~250克,蛋重8~10克。

鹌鹑在我国的规模化养殖兴起于20世纪80年代,经过30多年的发展,不仅养殖规模越来越大,而且品种类别也出现多元化。到目前为止,我国不仅从日本、朝鲜、法国等国家引用了新的蛋用、肉用型鹌鹑品种，而且还建立了专门的种鹑生产基地，全国各地养殖户也大规模地发展起来，鹌鹑集约化饲养是现代家禽生产的重要组成部分。目前，全世界鹌鹑存栏数量超过10亿只，仅次于鸡的饲养量，我国为2.0亿只左右（蛋鹑1.5亿只，肉鹑0.5亿只），除了西藏自治区外，其他各省市都有饲养。鹌鹑因其个体小、生长快、成熟早、耗料少、产出多、占地少、生产性能高，非常适合资金有限的地区和农村饲养。鹌鹑产品除了供应高级酒店、饭店之外，还被加工为罐头、松花皮蛋等，广受消费者的喜爱。

二、国内主要的鹌鹑品种、品系及配套系

近年来，我国养鹑业不仅在数量上发展迅速，而且品种类别也出现了多元化。目前，我国的蛋用型品种有朝鲜鹌鹑、日本鹌鹑、中国白羽鹌鹑、黄羽鹌鹑、自别雌雄配套系和爱沙尼亚鹌鹑等；肉用型品种主要有迪法克FM系肉鹑、中国白羽肉鹑和莎维麦脱肉鹑等。

三、我国鹌鹑业的发展前景

养鹌鹑投资小、占地少、资金周转快、经济效益高，其肉蛋不仅是名贵食品，而且能调治一些慢性疾病，是一项发展前景广阔的饲养业，鹌鹑养殖业具有如下特点。

（一）投资少，劳动效率高

鹌鹑养殖所需建筑、设施和资金投入较小，饲养劳动效率较高。鹌鹑一般采用多层笼养，3.3米^{2}可饲养产蛋鹌鹑500只（以五层笼计），正常情况下一个饲养员可饲养蛋用鹌鹑3 000只左右，机械化饲养的话饲养量更大。另外，鹌鹑的适应性和抗病力较强，只要进行科学饲养管理，防疫得当，鹌鹑一般很少患病，用于防疫的药物开支

也很低。

(二) 产出多

鹌鹑是一种生长速度极快的禽类，生长速度随品种、饲养管理等因素而变，全价日粮、科学饲养有利于鹌鹑的增重。刚出壳的雏鹑体重只有6.5~7.5克，一周龄可达初生重的2.5~3.0倍，二周龄可达41克，三周龄62克，四周龄84克，五周龄110克，六周龄120克，肉用品种的生长速度大于蛋用品种。另外鹌鹑性成熟早，45日龄左右就可开产。鹌鹑具有早熟特性，无论蛋用型还是肉用型家鹑，40~50天即可成熟，开始生产产品。这样的生长速度和生产周期是其他家禽所不及的。通常育成一只鹌鹑（从初生到开始产蛋）约需配合饲料0.56千克，成鹑每天每只耗料25~30克，每年10千克左右。蛋用型鹌鹑年产蛋大约300枚，总重量可达3300克左右。在产蛋家禽中，鹌鹑首屈一指，被称为小型"产蛋机器"。肉用型鹌鹑一般42日龄时体重可达到220克左右，饲料消耗仅有700克。

(三) 资金周转快

鹌鹑的饲养周期短，资金投入少，养殖户在60天左右就可以开始获利，所以相对于其他家禽来说，资金周转要快得多。

(四) 可作为理想的实验动物

由于鹌鹑具有体型小、早熟、孵化期短、耗料少、敏感性好等优点，所以在医学上被作为理想的实验动物之一，常被营养学、遗传学、组织学、疾病防治学、胚胎学及药理学等用作试验对象。

(五) 鹑粪是一种优良的有机肥料

鹌鹑粪是养鹌鹑生产的副产品，一只成年鹌鹑每天可排泄粪便30克左右，干燥后得12克左右，全年可积干鹑粪4千克以上。鹌鹑粪中含有丰富的氮、磷、钾等元素，是一种优良的有机肥料，但需经过充分发酵，腐熟后才能施用。

（六）养殖风险较小

养殖鹌鹑具有以上特点，所以只要采取科学的饲养管理，合理经营，一般不易造成经济损失，风险较小。

由此可见，鹌鹑养殖是具有广阔发展前景的产业，也是农民致富增收、促进农村经济发展的有效途径。

第二节　鹌鹑产品的经济及应用价值

在我国古代就知道鹌鹑是美味佳肴，具有较高的营养价值，素有"动物人参"的美誉；而且其药用价值也很高，能补脏，益中续气，实筋骨，耐寒暑，消结热，主治泻痢，疳疾，有养肝利肺、通利九窍的功效。这些在李时珍所著的《本草纲目》中有详细记载。

一、鹌鹑产品的营养价值

鹌鹑肉和蛋（图1-1和图1-2）味道鲜美，营养丰富。鹑肉和鹑蛋几乎所有的营养物质都比鸡肉、鸡蛋高。据资料分析，在鹑蛋中，蛋白比例占60.4%~60.8%，蛋黄31.8%~31.4%，蛋壳7.2%~7.4%，内壳膜1%。蛋白指数0.107 8~0.108，蛋黄指数0.504~0.515，蛋密度为1.070~1.079。鹌鹑蛋中不仅氨基酸种类齐全，含量丰富，而且还含有珍贵的芦丁、卵磷脂、脑素等成分，铁、核黄素、维生素A的含量均比同量鸡蛋高出2倍左右，胆固醇含量比鸡蛋低，鹑蛋蛋白特别黏稠，蛋白质颗粒小，很容易消化吸收，它对高血压、糖尿病、结核病、心脏病、贫血、气管炎及神经障碍等病有辅助疗效，所以是各种虚弱病者及老人、儿童及孕妇的理想滋补食品，在国外有"长期服用可延年益寿"的说法。鹑肉多汁、鲜嫩，并带有芳香野味，鹑肉与鹑蛋均富含谷氨酸，使其肉蛋鲜美芳香，据国内外多次评味鉴定，鹑蛋仅次于珍珠鸡蛋，远比鸡蛋为佳。

图 1-1　鹌鹑肉　　　　　　图 1-2　鹌鹑蛋

二、鹌鹑产品的药用价值

鹌鹑蛋具有较好的护肤、美肤作用。鹌鹑肉是典型的高蛋白、低脂肪、低胆固醇食物，特别适合中老年人以及高血压、肥胖症患者食用。鹌鹑可与补药之王人参相媲美，被誉为"动物人参"。鹑肉和鹑蛋既有滋补健身的作用，又有治病的药理功能，鹌鹑的肉、蛋、血均可入药。《食疗本草》中记载"食用该种食物，可以使人变得聪明"。鹌鹑蛋富含优质的卵磷脂、多种激素和胆碱等，对人的胃病、肺病、神经衰弱均有一定的辅助治疗作用。鹑蛋中含苯丙氨酸、酪氨酸及精氨酸，对合成甲状腺素及肾上腺素、组织蛋白、胰腺的活动有重要影响。从中医学角度出发，鹌鹑性味甘、平、无毒，入肺及脾，有消肿利水补中益气的功效，在医学上，常用治疗贫血、糖尿病、肝炎、营养不良等病。因此，鹌鹑产品的药用价值有被视为"动物人参"的说法。

第三节　养鹑业的经营

一、经营养鹑业的基本要求

（一）责任心强

工作人员必须具备一定的专业知识，并热爱养鹑工作，有责任心。

（二）选址要合理

选择饲养场地时，即要考虑周围的环境、交通、水源、电源等问题，又要考虑到销售门路等问题。

（三）资金要充足

养殖需要一定的资金投资，所以要根据饲养规模将资金准备充足。

（四）种源要好

引种前，不仅要考虑当地气候条件、饲料供应以及自身条件（场地、资金、技术水平等），还要考虑市场需求和行情（产品销路、市场价格等），根据实际情况选择适宜的鹌鹑类型和品种。对种源场的各种信息要进行详细的了解（饲养规模、原种来源、生产水平、系谱完整性、是否具有种畜禽生产经营资质、是否曾发生过疫情等），杜绝从曾经发生过疫病的鹌鹑场进行引种。要挑选品质好、体格健壮、产蛋多的品种。初次养鹑者由于经验不足，因此最好从中雏开始养起，特别是家庭养鹑，因为饲养初生雏不仅需要育雏设备，而且还得掌握一定的饲养技术，饲养管理稍有不周，就容易遭到失败。30多天的中雏体格较大，一般情况不需要保温，买进来再养20天左右就开始产蛋，在较短的时间内即可获利。

（五）定期淘汰鹌鹑

产蛋鹑的饲养周期一般以1年左右为好，因为从第二年开始产蛋率就会很低，生产中应根据实际情况核算成本，如产蛋率降低继续饲养经济效益不划算时就要及早淘汰。

（六）做好产蛋记录

每日做好产蛋记录，能及时发现鹌鹑的饲养管理水平是否得当。如果产蛋率平稳地上升或下降，说明鹌鹑的饲养管理基本正常；如产蛋率直线下降，应及时查找原因，看饲料营养是否平衡、饲料是否发霉或配制时食盐过多、有无突然更换饲料、是否按时按量饲喂、鹌鹑是否长时间缺水等方面查找原因，及时采取解决措施。

（七）做好收支和管理记录

只有做好收支和管理记录，才能进行经济核算，而且也利于总结饲养经验，提高饲养技术水平与经济效益。

二、养鹑业的经营类型

养鹑业的经营类型一般可根据饲养目的和规模分为家庭养鹑、副业养鹑和专业化养鹑。

（一）家庭养鹑

出于爱好并兼顾实际利润而饲养10~20只鹌鹑的称为"家庭养鹑"。由于数量较少，不需建造饲养室，把饲养箱放在住宅的走廊、阳台或屋檐下即可。初养时由于缺乏经验，以先养30日龄左右的中鹑为好，饲料可从市场购买或自己配制。

（二）副业养鹑

在有职业的情况下兼并养100~500只鹌鹑的叫做"副业养鹑"。副业养鹑必须拥有一定数量的资金，因为建造鹑舍，钉制饲养箱，购买鹑种、饲料等都需要投资，如资金不足，可从小规模养起，待打开销路，积累了一定资金后再逐渐扩大规模。

副业养鹑要懂得一定的饲养管理技术，并要根据饲养规模设置饲养室、饲养箱以及所需用具，还要考虑饲料的来源、产品的销售等问题。副业养鹑以购买30日龄左右的中鹑为好，因为中鹑只要半个月左右就可开始产蛋，收益较快，而且不需考虑雏鹑笼等设备，待积累了一定的饲养经验后再购买初生雏饲养，会有更大的把握。

（三）专业化养鹌

以饲养鹌鹑为主业，饲养量在3 000只以上的叫"专业化养鹌"。专业化养鹌必须有一定的饲养技术与经验，同时要考虑资金、地点、环境和劳动力等条件是否许可，还必须考虑饲料的来源以及鹌鹑蛋和被淘汰的鹌鹑的销售渠道。

三、养鹌场的经营

经营即筹划和管理。要经营好一个鹌鹑场，需要经过长期实践并加以不断总结和探索，现对养鹌场的经营分述如下。

（一）确定养鹌场的经营方向

不论哪种经营类型，都要根据周围环境和市场需求确定方向。养鹌场有种鹌场、蛋鹌场、肉鹌场、肉蛋兼用鹌场之分。种用鹌场主要是培育繁殖优良品种、提供种蛋、孵化良种雏鹌等；蛋用鹌场以饲养产蛋鹌为主，提供食用蛋为主；肉用鹌场以饲养肉用鹌为主，提供的商品是鹌肉；肉蛋兼用鹌场，蛋和肉都是其主要的商品。

（二）制定建场规划

筹建养鹌场前，必须做好建场规划。养鹌场的规模要根据需要和当地的自然及经济条件、可靠的饲料来源、投资、设备以及技术力量等条件来决定。场址的选择及鹌舍的建造可参考第三章。除此之外，还应解决好以下问题。

1. 引种问题

选择优良品种，并落实种鹌来源。

2. 饲料来源

要有稳固的饲料来源，并在此基础上进行科学的饲料搭配。

3. 疫病防治

要合理制定免疫程序，有可靠的疫病防治措施。

4. 饲养方式

根据确定的经营方向（种鹌场、蛋鹌场和肉鹌场）决定饲养方式、笼具的种类、鹌群更新方式等。

5. 饲养管理人员

考虑技术人员和管理人员的来源与培训，并要进行科学饲养管理。

（三）养鹌场的计划管理

要经营好养鹌场，必须做好产、供、销计划。一般来讲，养鹌场在年度生产过程中应制定和执行以下计划。

1. 雏鹌孵化计划

编制孵化计划的目的在于保证鹌群的正常周转与出售雏鹌的需要，种鹌场和自繁自养的鹌场都必须有孵化计划。孵化计划主要包括入孵日期、种蛋品种及来源、需种蛋数量和孵出雏鹌数、调雏鹌单位等。雏鹌孵化计划见表1-1。

表1-1 雏鹌孵化计划

批次		1	2	3	4	5	6	…	总计
机器台号									
入孵日期									
种蛋来源及品种									
种蛋	数量（个）								
	合格率（%）								
入孵种蛋（个）									
验蛋	白蛋（个）								
	血蛋（个）								
	受精蛋（个）								
出雏	健雏（只）								
	弱雏（只）								
	死雏（只）								
	合计（只）								

续表

批次	1	2	3	4	5	6	…	总计
受精率（%）								
受精卵孵化（%）								
入孵卵孵化（%）								
调出雏鹌数（只）								
调雏单位								
调雏日期								

说明：

$$种蛋合格率（\%） = \frac{种蛋总数 - 破壳蛋数 - 畸形蛋数}{种蛋总数} \times 100$$

$$受精率（\%） = \frac{入孵蛋数 - 白蛋数 - 血蛋数}{入孵种蛋数} \times 100$$

$$受精卵孵化率（\%） = \frac{出雏总数}{受精卵数} \times 100$$

$$入孵卵孵化率（\%） = \frac{出雏总数}{入孵种蛋总数} \times 100$$

2. 鹌群周转计划

鹌群的构成，在自繁自养、综合经营的专业养鹌场中，一般分为公鹌、种母鹌、肉用鹌、幼鹌、中鹌、成年淘汰育肥鹌等。各组的周转关系如下：

鹌群周转计划表见1-2。

表 1-2　鹌群周转计划

组　别	计划年初数	月　份												计划年末数
		1	2	3	4	5	6	7	8	9	10	11	12	
种公鹌														
淘汰种公鹌														
产蛋种鹌														
淘汰产蛋种鹌														
肉种鹌														
产蛋鹌														
淘汰产蛋鹌														
幼鹌														
中鹌														
淘汰公鹌														
出售肉用鹌														
育肥鹌														
40日龄公鹌														
总　计														

3.产品生产计划

养鹌鹑场的产肉计划可根据周转计划中所能提供的肉用鹌和淘汰的公鹌、种鹌、母鹌等按一定的宰杀重计算即可。产蛋计划可根据各月平均饲养的产蛋母鹌数和一定的产蛋率计划各月的产蛋数（表1-3）。

表 1-3　产蛋计划表

项　目	月　份												合计
	1	2	3	4	5	6	7	8	9	10	11	12	
产蛋母鹌月初只数													
月平均饲养产蛋母鹌只数													
产蛋率（%）													
产蛋总数（个）													
总产量（千克）													
种蛋数（个）													

续表

项目	月份												合计
	1	2	3	4	5	6	7	8	9	10	11	12	
食用蛋数（个）													
破损率（%）													
破损蛋数（个）													

说明：

（1）月平均饲养产蛋鹌只数 = $\dfrac{月初数+月末数}{2}$

表中2月份的月初数即为1月份的月末数，3月份的月初数即为2月份的月末数，依次类推。

（2）产蛋率（%）= $\dfrac{当日产蛋量}{当日饲养母鹌数} \times 100$

式中当日产蛋量取决于品种、年龄、季节和饲养条件等因素，在计算计划产蛋量时，日产蛋量是参照过去条件基本相似的历年记录和计划年生产条件的改善情况确定的。

（3）月计划产蛋总数 = 月平均饲养产蛋鹌只数 × 产蛋率 × 30

破损率一般以不超过5%计算。

4. 作业生产记录与收支月报记录

年度计划的完成，在于科学地、严密地组织年内生产过程和各项作业，经常核算收支状况。为此必须做好作业生产记录和收支月报记录。养鹌场在年度生产任务中要对每一品种和不同日龄的鹌鹑定出产蛋率、饲养日增重、肉鹌育成活重和饲料消耗等生产指标，用作业记录与所定指标比较，检查其是否有差距，并分析和查明原因，及时发现问题，作出管理上的重大决策。如决定鹌群的选留、淘汰和更换、扩大、缩小还是保持现有生产规模，及时改善有关技术，改善操作管理，降低成本，增加收益。养鹌场的作业生产记录主要有育雏记录、产蛋记录、肉鹌记录、饲料消耗记录、孵化记录和收支月报记录。

（1）育雏记录 肉鹌从出雏到上市和蛋鹌从出雏到产蛋都是42日龄（表1-4）。

表1-4 育雏记录

日期	日龄	鹌鹑数（只）	死亡（只）	淘汰（只）	每日饲料消耗（千克）	体重（克）	工时（小时）	备注

鹑舍编号：＿＿＿＿＿＿＿
饲 养 员：＿＿＿＿＿＿＿

（2）产蛋记录（表1-5）

表1-5 产蛋记录

日期	日龄	鹌鹑数（只）	死亡（只）	淘汰（只）	产蛋数（枚）		产蛋重（克）	产蛋率（%）	备注
					好蛋	破蛋			

鹑舍编号：＿＿＿＿＿＿＿
饲 养 员：＿＿＿＿＿＿＿

（3）饲料消耗记录（表1-6）

表1-6 饲料消耗记录

日期	日龄	鹌鹑数(只)	饲料消耗量（千克）	每只平均消耗量（克）	备注

鹑舍编号：＿＿＿＿＿＿＿
饲 养 员：＿＿＿＿＿＿＿

（4）孵化记录（表1-7）

表1-7 孵化记录

批　次		
入孵日期		
种蛋数		
入孵种蛋数		
验蛋	白蛋	
	受精蛋	
	死胎	
出雏	健雏	
	弱雏	
	死雏	
毛　蛋		
出雏日期		
受精率		
受精蛋孵化率		
备　注		

（5）鹑群收支月报表　养鹑场的种鹑群、孵化、育雏、产蛋鹑群每月都发生收支事项，为了考核各群的收支情况，以降低生产成本，必须按鹑舍每月填报收支报表（表1-8）。

表1-8 鹑群收支月报表

日　期	项　目	支　出	收　入	备　注

鹑舍编号：_____

饲养员：_____

此外，还需对饲料作预算，根据各月计划饲养鹌鹑数，按一定的饲料消耗量和需用的饲料种类计算各种饲料的需要量，制定出计划。

为了使养鹑场的各项产品及时销售，避免积压，养鹑场必须预测市场需求，在此基础上制定产品生产计划和产品销售计划。

四、养鹑场的管理

管理养鹑场的目的在于取得高产、优质、低成本和高收入的经营成果。养鹑场的开支包括饲料费用和人员工资以及水、电、暖等开支。一般养鹑场，饲料费占成本的60%~70%，因此控制饲料成本是提高鹌鹑养殖效益的关键。要尽量利用本地饲料原料资源，降低运输费用。购买饲料时不仅要考虑价格，有条件的尽量自己生产或加工饲料，采用科学的、优质的、饲料成本低廉的饲料配方，平时的日常管理要特别注意饲料的抛洒问题，以节约饲料费用。人员工资也是养鹑场的一笔重要开支，因此必须重视人员的培训和选拔，改善生产条件和劳动组织，提高劳动力利用率和工作效率。另外，要提高设备利用率，尽可能地减少单位产品中所分摊的折旧费、电费、水暖费，要严格控制间接费用，大力节约非生产性开支。

第二章

鹌鹑的形态特征及生活习性

第一节 鹌鹑的形态特征

鹌鹑在动物学分类中属于脊椎动物门、鸟纲、鹑鸡目,有的学者命名为鸡形目、雉科、鹑亚科、鹑属,它是雉中最小的鸟,形似鸡雏,头小尾短,俗称"秃尾巴鹌鹑"(图2-1)。

家养鹌鹑由野鹑驯化而来,是养禽业中最小的禽种。家鹑外形和雏鸡很相似,头小喙长尾巴短(图2-2)。经过长期的遗传改良,家鹑与野生鹌鹑有了很大的差别,如家鹑的颜色变深,体

图2-1 秃尾巴鹌鹑

形变大,体重增加,繁殖力增强。野生鹌鹑一年产蛋7~12枚,近百年来经人工驯化,已成为能年产蛋300枚左右的家鹑。但是丧失了抱窝就巢的习性和迁徙的能力,家鹑体形雌者略大于雄者。成年家鹑蛋用型体重100~150克,肉用型200~250克,蛋重8~10克。

下面以朝鲜龙城鹌鹑为例介绍鹌鹑的形态特征及生活习性。

朝鲜龙城成母鹑体长17.6厘米左右,体重140克左右,母鹑头部黑褐色,中央有淡黄色3条直纹,脸部淡褐色,下颌与喉部为白

色，胸部羽毛为淡白色，且有黑点，全身羽毛均为茶褐色，背面赤褐色，并散布有黄直条纹和暗色横纹。公鹌比母鹌体形小，公鹌体长16.5厘米左右，体重124克左右，脸部、下颌、喉部羽毛呈赤褐色，胸部羽毛为淡红黄色，腹部呈淡黄色。

图2-2　家养鹌鹑

家养鹌鹑的飞跃能力已明显退化，仅能飞跳1~2米高、4~5米远。鹌鹑性情温顺，很少啄斗。公鹌善于蹄鸣，啼鸣时挺胸直立，昂首引颈，前胸鼓起，其鸣声高亢洪亮、优美动听，母鹌叫声尖细低回，像蟋蟀声。公鹌性成熟后，在泄殖腔上有一发达的腺体，用手轻轻压迫，即能排出白色泡沫状的分泌物。成年公鹌的睾丸占体重的3.0%~6.9%，出生后40天左右即能形成精子，其交尾器呈舌状突起。母鹌输卵管的蛋白分泌部特别发达，交配受精后能维持受精蛋的时间为5~7天，自排卵到形成一个蛋约需24小时，鹌蛋重量为11克左右。母鹌一般在45日龄开始产蛋，也有较早的38日龄就能开产，最迟的60日龄开产。雏鹌的正常体温为39~40℃，成鹌的正常体温为41~42℃；公鹌的呼吸频率每分钟35次，母鹌每分钟50次；公鹌的心率每分钟530次，母鹌每分钟489次。

第二节　鹌鹑的生活习性

1. 喜暖，忌极冷酷热

鹌鹑生性喜暖，忌极冷酷热。一般产蛋鹌鹑的温度控制在20℃左右比较合适，低于10℃或高于30℃时，产蛋性能就会受到影响。室温适宜的环境条件下，鹌鹑常表现为伸颈舒腿，密集相依而不埋堆。

2. 对外界因素反应敏感

鹌鹑胆小，怕生人，对光照强度、时间、色泽和气温变化等各种应激，反应迅速而激烈。只要一只鹌鹑带头跳跃，就会引起全群骚动。因此在管理方面要注意动作轻慢，尽量减少声响，避免或禁止参观。另外，鹌鹑还有受惊时起飞的习性，为防止发生事故，饲养箱不宜过高，一般以34厘米为宜。对光照敏感，必须增加人工光照，否则影响生产性能。

3. 喜欢在笼内做沙浴动作

鹌鹑适宜笼养。群养时，公鹑仍有好斗特性，母鹑也会啄斗。鹌鹑（尤其是5日龄前的鹌鹑）富于神经质，喜欢在笼内来回走动，总想寻隙逃逸，并且仍留有沙浴习惯，故在笼内常做沙浴动作。

4. 食性较杂

鹌鹑食性较杂，喜食颗粒状饲料、昆虫与青饲料，善于连续采食，特别是到黄昏采食速度明显加快。鹌鹑产蛋多，对饲料营养水平要求较高，一般要求日粮中的蛋白质水平达到23%以上，否则产蛋率下降或停止产蛋。

5. 无抱窝性能，故需人工孵化

鹌鹑无就巢性，这是人工选择的结果，因此需借助人工孵化来繁殖后代。孵化期短，繁殖力强。人工孵化鹌鹑只需17天左右，一对鹌鹑一年可以繁殖3~4代，一年可以扩大到千只以上。

6. 生长速度快，性成熟早

鹌鹑生长速度快，性成熟早，刚出壳的雏鹑体重只有6.5~7.5克，一周龄就可达到初生重的2.5~3.0倍，45日龄左右就可开产，这样的生长速度与生长周期是其他家禽所不及的。

第三章

鹌鹑场的规划设计与建造

第一节 鹌鹑场建设

一、鹌鹑场场址的选择

鹌鹑场是鹌鹑生产的重要环境条件之一,场址的选择直接关系到鹌鹑生产性能的发挥与经济效益。因此,在建场时要注重鹌鹑场场址的选择,要因地制宜,并根据生产需要和经营规模,对地形、地势、土质、水源以及周围环境等进行多方面选择。

(一)地形地势

鹌鹑场应选在地势高燥,平坦,背风向阳,排水良好,土壤压缩性小,地下水位低的地方。目的是为了保持环境干燥、阳光充足和温暖,这样有助于鹌鹑舍的通风换气,防止细菌的滋生。低洼潮湿的场地阴冷潮湿,通风不良,不仅影响鹌鹑的生长发育和生产性能,还易于滋生蚊蝇及病原微生物,会给鹌鹑的健康带来危害,不宜作为鹌鹑场场址。

(二)水源

水是鹌鹑生命活动必不可少的,它是形成蛋、肉和鹌鹑体的重要物质。因此，水源要充足，水质要好，因为水质的好坏直接影响着鹌鹑和人员的身体健康，因此要求水质要符合人的饮用水卫生标准或畜禽饮用水生产标准。最理想的水源是地下水。

（三）电力供应

电力必须充足，不能有停电现象，如果有孵化和饲料生产设备时更要配备辅助应急电源。

（四）土质

鹌鹑场场地土质的优劣关系到鹌鹑的健康和建筑物的牢固性，作为鹌鹑场场址的土壤，应该透气透水性强，毛细管作用弱、吸湿性和导热性小，质地均匀，抗压性强。沙壤土的透气透水性好，持水性小，导热性小，热容量大，地温稳定，有利于鹌鹑的健康。由于其抗压性好，膨胀性小，适于建筑鹑舍，是最理想的建场土壤。黏土类土壤透气透水性差，吸湿性强，容水量大，毛细管作用明显，易于变潮湿、泥泞，而鹑舍内潮湿不利于鹌鹑健康，因而不适合在此土壤上建场。

（五）周围环境

鹌鹑场要选择交通便利且与城市和居民集中生活区、水源保护区、学校、医院、工矿企业以及动物屠宰场保留1 000米以上距离的地方，远离其他畜禽场和污染源。这样既便于饲养管理，又可防止各种疾病的传播，还便于饲料的运进与产品的运出。鹌鹑饲养场应位于居民区的下风向，并至少距离300~500米，且距主要公路500米以上，次要公路100米以上。

二、鹌鹑场的规划与布局

鹑舍与设备用具设计合理，可有效预防鹌鹑舍外有害病原微生物的侵入。

（一）鹌鹑场的分区规划

划分鹌鹑场各功能区，应按照有利于生产作业、卫生防疫和安全生产的原则。首先应考虑保护人的工作和生活环境，尽量使其不受饲料粉尘、粪便、气味等污染；其次要注意鹌鹑的防疫卫生，杜绝污染源对生产区的环境污染。总之，应以人为先，污为后的排列为顺序。考虑地形、地势以及当地主风向，按需要综合安排，一般可作如下划分。

1. 行政管理和职工生活区

对职工生活区要优先照顾，安排在全场上风向和地势最佳地段，可设在场区内，也可设在场外。其次是行政管理区，也要安排在上风向，要靠近大门，以便对外联系和防疫隔离。

2. 生产作业区

生产作业区是鹌鹑场的核心区和生产基地，因此要把它和管理区、生活区隔离开，保持200~300米的防疫距离，以保障兽医防疫和生产安全。从人和鹌鹑的保健角度出发，按照各个生产环节的需要合理划分功能区（一般包括育雏舍、孵化室、成鹑舍、种鹑舍、蛋鹑舍、饲料加工间及贮存室、兽医诊疗和病鹑隔离区库等）。区域划分应便于对人、鹌鹑、设备、运输甚至空气走向等进行严格的生物安全控制，能够提供可以隔离封锁的单元或区域，以便发生问题可以紧急处理，达到隔离目的。场内应分设净道和污道，净道专门运输产品（鹌鹑蛋、鹑肉等）和饲料，污道专门运送粪便、尸体和垃圾。净道和污道不能交叉。

（1）育雏舍　育雏舍要优先安排在生产区上风向，环境条件最好的地段，以利雏鹑健康发育。

（2）孵化室　孵化室要靠近育雏舍，以便生产作业。

（3）成鹑舍和种鹑舍　成鹑舍和种鹑舍要安排在育雏舍的下风向，尽量避免对育雏舍的污染。

（4）饲料加工间及贮存库　为了便于生产管理，饲料加工间及贮存库多设在生活管理区和生产区之间，也可设在生产区外，自成体系。一般采用高平房，墙面要用水泥抹1.5米高，防止饲料受潮，加工车间大门应宽大，以便运输车辆出入，门窗要严密。

（5）兽医隔离室　为防止疾病传播与蔓延，兽医隔离室要设在生产区的下风向和地势低处，并应与生产区保持一定的距离（20~30米）。包括诊疗室、化验室、药房、兽医值班室和病鹌隔离室，要求地面平整牢固，易于清洗消毒。病鹌舍要严格隔离，并在四周设人工或天然屏障，要单设出口处。处理病死鹌的死坑或焚尸炉更应严格隔离，距离鹌舍300~500米。鹌场的分区规划可参照图3-1。

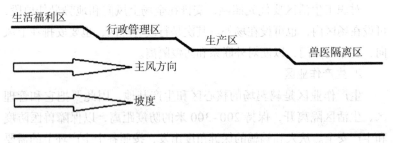

图3-1　鹌鹑场的分区规划

（二）鹌鹑场的附属设施

1. 消毒池

一般建在鹌鹑场或生产区入口处，便于人员和车辆通过时消毒。消毒池常用钢筋水泥浇筑，供车辆消毒用的消毒池，长4米、宽3米、深0.1米；供人员通行的消毒池，长2.5米、宽1.5米、深0.05米。消毒液应保持经常有效，人员往来必经的通道两侧应设紫外线消毒走道。

2. 粪尿污水池和贮粪场

鹌鹑舍和污水池、贮粪场应保持200~300米的卫生间距。

（三）鹑场的布局

根据场区规划，搞好鹌鹑场布局，可改善场区环境，科学组织生产，提高劳动生产率。

鹌鹑场内应区分出生产区和非生产区。从防疫方面考虑，生产区与非生产区以及场区与外界之间用围墙进行隔离。生产区中根据主导风向按照孵化室、雏鹌鹑舍、仔鹌鹑舍、种鹌鹑舍、蛋鹌鹑舍、肥育鹌鹑舍及附属用房的顺序排列。鹑舍要平行整齐排列，育雏舍和成鹑舍要与饲料调制间保持较近距离。合理利用当地自然条件和周围社会条件，尽可能地节约投资，基建要少占或不占良田。鹑舍最好选择坐北朝南的方向修建，并且要求所选的地方地势稍高，土质坚实，阳光充足，排水良好，这样的鹑舍明亮，冬暖夏凉，通风干燥，还有利于鹑舍卫生。

场内各类建筑和作业区之间要规划好道路，考虑鹌鹑舍间距首先要考虑防疫要求、排污要求及防火要求等方面的因素。一般取3~5倍鹌鹑舍高度作为间距即能满足几方面的要求。路旁和鹌鹑舍四周要搞好绿化，绿化不仅可以美化、改善鹌鹑场的自然环境，而且对鹌鹑场的环境保护、促进安全生产、提高生产经济效益有明显的作用。鹌鹑场的绿化布置要根据不同地段的不同需要种植不同种的树木，以发挥各种林木的功能作用。

三、养鹑的常用设备

（一）鹑笼

鹌鹑一般都实行笼养，因此，鹑笼是实现养鹑机械化、密集化的必备设备。笼具设计是否合理，对鹌鹑的生长发育、生产性能的发挥都有很大影响。鹌鹑是群居性动物，但群体过大、密度过高时对鹌鹑生产性能的发挥以及鹑群的健康状况是很不利的。另外，由于采用笼养，鹌鹑整天生活在笼网上，不接触地面，这就要求笼子的底网、前后网、侧网及笼门的规格要合理。

鹌鹑笼子的形式多种多样，可根据具体情况和饲养目的自行设计制作。如饲养量少，只需考虑成鹑笼；如大规模饲养，还需要幼鹑笼和中鹑笼。

1. 育雏笼

现在大部分的鹌鹑厂都采用单层平网的育雏方式，单层平网育雏光照好，温度均匀，雏鹑发育整齐，粪便污染小，善于管理。雏鹑笼一般采用金属结构，长200厘米，宽90厘米，高25~30厘米，分成均等的两部分，每部分0.9米^2，两部分共可育雏400只左右。育雏笼的底网一般采用孔径为0.5厘米的镀锌电焊网，四周可用防蚊蝇用的纱窗包裹，育雏笼可靠墙用铁丝吊起，一般离地面高度1.2米左右。吊得太低温度较难掌握，吊得太高则空气新鲜度不够，而且不便于管理。

育雏笼的热源可使用电、煤、木炭、蜂窝煤、煤气、沼气、天然气等，目前使用最广泛的是电。以电作为热源虽然费用高一些，可是所需要的电灯泡、电暖气等器材都较容易买到，调整温度也简单方便。使用电灯泡的瓦数和盏数，可根据育雏数和育雏箱的大小来决定，以能保持适宜的温度为原则。在电源不方便的地方，或者为了节省开支，也可选用火炉加温，最好是电和火炉兼用。育雏箱最好从上方供温，因为母鹑自然育雏时，幼雏是由母鹑的两翼抱在腹下取暖的，而且雏鹑的头部对热和光的敏感性较强，如果仅从下面供温，往往易使雏鹑发生软骨病。

育雏箱的结构较简单，材料用金属或者木板均可，木板的保温性能比金属好。木板的厚度为1.5厘米，育雏箱的底部用0.6厘米孔目金属网制成，育雏箱的大小可根据饲养雏鹑的数量来决定，一般每箱容纳100~200只雏鹑。大批饲养，只要把小型饲养箱叠高，就可以充分利用有效空间。图3-2为可容纳初生雏50~100只的小型育雏箱，适用于副业养鹑。箱内1/3是温室，2/3是活动场所，温室上部盖内装有灯泡，灯泡瓦数寒冷时为60瓦，暖和时为40瓦，照明灯为20瓦，运动场部分的上盖和箱底均为0.6厘米孔目的金属网，四周为木板。图3-3为可容纳初生雏100~200只的中型育雏箱，长90厘米，宽55厘米，高70厘米，中间隔一层铁丝网分为上下两层，都装有灯口，可安红外线灯泡，左右两扇门，后面和上面均为纤维板，左右两侧及门上都有纱窗，下面有承粪盘。

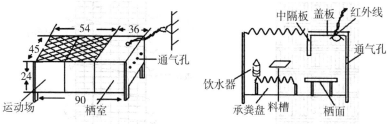

图 3-2 小型育雏箱（单位：厘米）

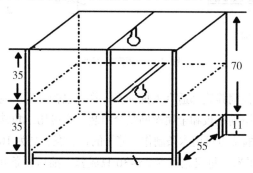

图 3-3 中型育雏箱（单位：厘米）

2. 成鹑笼

（1）**大型饲养笼** 大型饲养笼可制作成活动式饲养笼或固定式饲养笼。活动式饲养笼每个小箱都可以单独取下来，便于清扫和消毒（图 3-4）。固定式饲养笼具有节省材料和造价低廉的优点（图 3-5）。

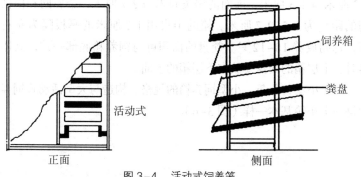

图 3-4 活动式饲养笼

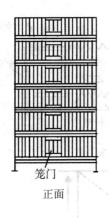 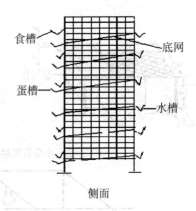

图 3-5 固定式饲养笼

以上两种饲养笼都适宜大批饲养，管理也较方便。笼子可用金属丝编织，或用刨花板和金属丝网联合组装，也可用三角铁和废旧铁叶焊接组装，框架也可用木条制作。笼子的长、宽、高为 100 厘米 × 40 厘米 × 34 厘米，每层笼可养 25~30 只成鹌。前后栅条间隔为 2.7 厘米，让鹌鹑能伸出头来采食与饮水，但不能钻出来。金属网床和横栅之间的距离为 2.5~2.7 厘米，鹑蛋可以从底网滚到料台前的蛋槽内，床面网眼为 1.3 厘米 × 1.3 厘米。

饲养箱多用木板制作，床面是金属网，规格为：长 90 厘米，上宽 21 厘米，下宽 30 厘米（其中 9 厘米为箱前料台的宽度，供放料槽用），高 12 厘米，顶部前 10 厘米是门，用合页固定。床面网眼为 1.3 厘米 × 1.3 厘米，前面的栅条间隔为 2.7 厘米，金属网和横栅之间的距离 2.5~2.7 厘米。箱的中央用 1.2 厘米的厚板隔为左右两间，每间放养 10~12 只。粪盘的面积可与饲养箱底部一致，立体饲养时，上层箱的粪盘要放在下层箱的上面。

（2）小型饲养箱　小型饲养箱的规格、构造与大型活动式饲养笼的每一个小箱基本一样（图 3-6）。

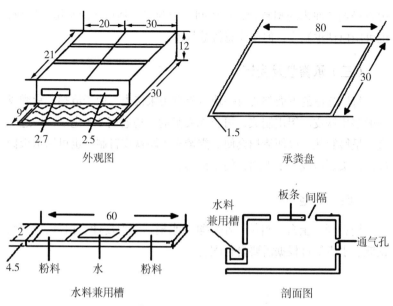

图3-6 小型饲养箱（单位：厘米）

（二）食槽和水槽

育雏阶段的食槽、水槽都要放在育雏箱内。食槽可用铝皮、白铁皮、木板或塑料板制作，长短以育雏器的大小而定，高度为15~20毫米。水槽可用自动饮水器，装满了水，圆盘内的水被雏鹌饮去多少，罐里的水就会自动流下多少（图3-7）。用罐头瓶和稍大一点的圆盘组合起来也行。成鹌的食槽可用约7厘米的塑料管，去掉1/3，制成C形料槽，以防鹌鹑撒料。如用铁皮、木板制作，最好上宽下窄，并将上边向里折回几毫米。成鹌的水槽也可

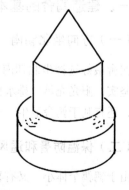

图3-7 雏鹌饮水器

用直径约7厘米的塑料管,从中间一分为二,然后将两头堵死即成,也可用白铁皮制作,但要注意接缝焊严。

(三)承粪盘及粪铲

每层笼体的下面都要有一块承粪盘用来接粪,便于清扫。承粪盘一般多用铁皮、铝皮制成,可将承粪盘的三边卷高2.5毫米,一边平直,呈簸箕状,以便清扫粪便。粪铲多用厚铁皮钉制,也可用木板做成,铲头要做成一个平面,便于铲粪。

(四)其他

饲料桶、蛋盒、料筛、小料缸、水桶、温湿度计、扫帚、簸箕、铁锨、水壶等可根据需要自行配备。

第二节 鹌鹑舍的建造

养殖鹌鹑所需占地面积不大,一般养少量鹌鹑的家庭不需要另建鹌鹑舍,只要因地制宜,利用房前屋后或屋檐下的空地或者凉台、走廊即可,但大规模的饲养时,就要考虑鹌鹑舍的设计与建造问题。

一、建造鹌鹑舍的基本要求

(一)方向坐北朝南

鹌鹑舍最好选择坐北朝南的方向,并且要求所选的地方地势稍高,土质坚实,阳光充足,排水良好。这样的鹌鹑舍明亮,冬暖夏凉,通风干燥,还有利于鹌鹑舍卫生。

(二)保温防暑和通风换气

由于鹌鹑个体小,又有喜热怕寒的特点,所以鹌鹑舍要求保温性能好。寒冷冬季温度低,鹌鹑采食量增加,反而产蛋数量降低,生长速度减慢。反之，鹌舍温度适宜，就能发挥最佳生产性能。鹌鹑饲养密度大，鹌粪多，污浊有害气体也多，特别在炎热夏季，室温较高，有害气体浓度大，会严重影响鹌鹑产蛋量。这就要求鹌舍通风良好，能够及时更换新鲜空气，排出废气。为了便于有害气体的排出，保持舍内空气新鲜，鹌舍内除了安装排风扇外，窗户还应尽量大一些，而且窗户上除安装玻璃外，还应安装纱窗，这样既可使鹌舍内得到充足的阳光，而且便于通风，还可防止麻雀、蚊、蝇侵入。冬季，一般中午气温较高时，开窗换气，但时间不宜太长，以免室温变化较大。夏季不仅要敞开窗户，使室内热气、潮气及时排出，有条件者还可架设天窗，安置排风扇。在夏季舍窗应安置纱窗，以防苍蝇、蚊子的侵扰，减少疾病传播。同时做好防暑降温工作，保证鹌鹑正常生产。

（三）利于采光

采光和人工补光光照非常重要，鹌鹑生长发育的各个阶段，都需要一定的光照时间和光照强度，这对产蛋鹌更为重要，朝南的鹌舍能获得最佳的自然光。阳光照射还可达到杀菌和增加室温的效果。自然光照时间长，可以减少人工补光的时间，节约电能，降低成本。窗户应尽量高大一点，采光系数以 1∶4 为宜。在自然光照不能满足鹌鹑生长发育或产蛋需要时，应进行人工补光，因此鹌舍要求有照明电源。

（四）利于防疫消毒

每次进鹌前鹌舍都需要消毒，为了便于清洗消毒，鹌舍地面最好为混凝土结构，应有一定的倾斜度，而且要留下水道口。

（五）防盗防兽害

鹌鹑舍的设计和建造应坚实牢固，注意相对密闭性，不得留有任何飞鸟或野猫、老鼠等动物进入鹌舍，所有开口处都应有孔径小于 1.5 厘米的网罩。

（六）简单牢固，保温性能良好

鹌舍建筑一般要求简单、牢固、实用、耐久，保温性能良好，便于管理。

（七）高度要适当

鹌舍的高度要适当，一般要求从地面到顶棚的高度以 2.4~2.7 米为宜。如果过高，既浪费材料，又不利于冬季保温；如果过低，夏天闷热，且笼子不能叠高，这样单位面积饲养的鹌数就会减少。

（八）保温隔热

鹌舍的屋顶及四周的墙壁要有利于隔热保温。屋顶要有顶棚，有利于冬季保温及夏季隔热。墙壁可用砖或土坯垒砌，北墙宜厚，便于防寒。

（九）屋顶形式

鹌舍的屋顶形式可采用锯齿式、半钟楼式、钟楼式、单坡式、联合式、双坡式等，如图 3-8 所示。

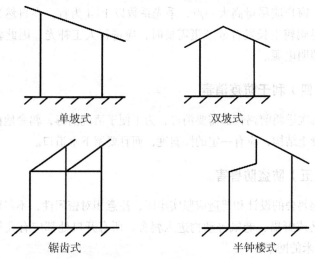

图 3-8　鹌舍屋顶形状

（十）鹌舍类型

鹌舍的大小应根据计划饲养的数量而定。如计划饲养600~700只成鹌，则可建宽为4米，进深为2.0米，面积为8.0米^{2}的单坡式鹌舍；如计划饲养2 000~3 000只成鹌，则可建宽为8.0米，进深为6.0米，面积为48.0米^{2}的联合式鹌舍。

（十一）鹌舍内布局

鹌舍内的设备要有一个合理的布局，在每排鹌笼之间要留出1米宽的走道，以便进行饲养和管理工作。

二、育雏设施

规模化的鹌鹑厂都应该设一个专门的育雏室，在育雏室一头建一个缓冲屋，育雏室的大小应根据成鹌室容鹌量的多少而定。一般育雏室长13米，宽3米，缓冲屋长2米，门宽1.2米，一次可以育雏5 000只。育雏室的地面要用水泥浇筑或用红砖砌成，防止鼠类打洞，要求地面平整，同时要有一定的落差，即临近缓冲屋的一头稍高一点，另一头稍低一点，并向鹌鹑舍外留有排水口，这样冲洗时比较方便，粪水容易排出室外。鹌鹑舍内的墙需要用沙灰，也就是沙子和石灰的混合物，先抹一遍，厚度为1厘米，然后再用白灰抹成白色，外墙要用水泥钩缝。屋顶采用水泥空心板结构，除了做好防水槽外，还需要有10厘米厚的保温隔热层，用来保持室内温度的稳定。育雏舍的窗口有两个用途，一是采光，二是通风换气，因为育雏阶段，雏鹌鹑需要的温度比较高，一般墙壁两侧的窗口都用透光度较强的塑料布封死，只单独把天窗留做活动的通风口，来调节室内空气和温度。天窗和窗口都要用直径1厘米的电焊网封闭，防止鼠类进入。

至于鹌舍结构，应根据饲养规模和现有的条件而定，只要符合上述条件，鹌舍结构单列式、双列式或多列式，小型还是大型鹌舍等，都可以灵活掌握，自行选择、设计。

三、常用的几种鹌舍的参考规格

（一）小型鹌舍

可饲养600~800只产蛋鹌的鹌舍（图3-9），正面宽4.0米，进深2.0米，面积为8.0米^2，屋顶为单坡式。前墙高2.4米，后墙高2.1米。为了方便饲养管理，利于冬季保温，室内可隔成大小两间。小间为0.9米×2.0米，用来存放饲料和工具等，大间为3.1米×2.0米，作为鹌笼的饲养室。采用砖砌围墙，顶棚可用芦席或板条，四周围墙上要设窗户，正面窗户可多设几个，侧面和后面可少一些。窗户上不光要安玻璃，最好还要安上纱窗，以免开窗通风时蚊、虫、苍蝇等进入。鹌笼应放在室内两侧，中间为操作通道，通道中央的上方安装电灯，以供照明。

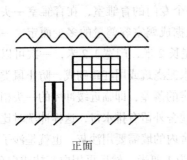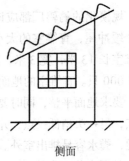

正面　　　　　　　　侧面

图3-9　小型鹌舍

（二）中型鹌舍

可饲养2 000~3 000只成鹌的鹌舍，其长为6.0米，进深5.0米，高2.7米。双坡式，南墙开2个大窗，内摆4排笼子，每排4架固定式笼子，中间安装2~4个灯泡，围墙、天花板及地面的构造与小型鹌舍基本相似。

（三）大型鹌舍

可饲养 4 000~6 000 只成鹌的鹌舍（图 3-10），正面长 12 米，进深 5 米，高 2.7 米，面积为 60 米^2，屋顶为双坡式，鹌笼可在舍内安成 8 排，在两排的顶棚上各开 1~2 个出气口，在出气口之间安装电灯照明。

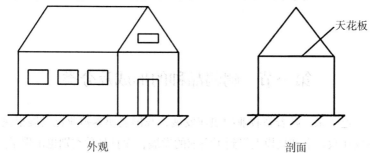

图 3-10　大型鹌舍

第四章

鹌鹑品种及种鹑的选择与选配

第一节　鹌鹑品种的形成及分类

近年来，随着畜牧业的快速发展，我国鹌鹑养殖业也发展很快，不仅在数量上和规模上得到了空前的发展，而且品种类别也出现了多元化。目前我国饲养的蛋用型品种主要有日本鹌鹑、朝鲜鹌鹑、中国白羽鹌鹑、黄羽鹌鹑、自别雌雄配套系和爱沙尼亚鹌鹑等；肉用型品种主要有迪法克FM系肉鹑、中国白羽肉鹑和莎维麦脱肉鹑等。

一、品种的形成

野鹌鹑有三大类：亚洲类、非洲类、澳洲及新几内亚类。家养鹌鹑在全世界目前有20多个品种，日本是最先育成品种的国家。1911年由"小田鸟类实验所"从基础群选育至1926年，选育了17代，数量达1万只以上，年产蛋量每只可达300枚，这就是当时闻名于世的日本蛋用型鹌鹑。1950年，日本由三鹰市鹌鹑研究所又培育出"江户"、"骏河"等几个品种，其生产性能都有了进一步提高。继日本之后，朝鲜、美国、英国、法国、澳大利亚、菲律宾及我国也相继培育出一些新品种，比较有名的有英国白鹌鹑、大不列颠黑鹌鹑、黑白杂色无尾鹌鹑、法老鹌鹑、北美洲鲍布门鹌鹑、美国加利福尼亚鹌鹑、菲律宾鹌鹑、澳大利亚鹌鹑、东北金黄鹌鹑等。

二、鹌鹑品种分类

鹌鹑品种按经济用途可概分为蛋用型和肉用型两类。

（一）蛋用型鹌鹑

蛋用型鹌鹑以生产商品食用鹑蛋为目的，其雄雏除留种外，仔公鹑作为肉用鹑饲养，淘汰的种鹑多作肉用。如日本鹌鹑、朝鲜鹌鹑、中国白羽鹌鹑、黄羽鹌鹑等。

（二）肉用型鹌鹑

肉用型鹌鹑是专门培育产肉为主要用途的品种。其商品种蛋孵出后，不分公母雏，经过3~4周龄的饲养和育肥后，作为肉用仔鹌鹑上市。肉用型鹌鹑体型大，早期生长速度快，饲料报酬高。35~45日龄上市，活重达250~300克。肉仔鹑内脏小，屠宰率很高，能够烹制成各种鹌鹑菜肴，也可以整只卤制食用。

第二节　我国饲养的主要鹌鹑品种及特征

一、蛋用型鹌鹑品种及其主要特征

（一）日本鹌鹑

日本鹌鹑（图4-1）是由日本人小田太郎在1911年，利用中国野生鹌鹑驯化育成。日本鹌鹑体羽为栗褐色，头部为黑褐色，中央有3条直纹，背羽赤褐色，其中分散着黄色直纹，腹羽色浅。雌鹌鹑脸部淡褐色，下颌灰白色，胸羽浅褐色，其中有黑色斑点。雄鹌鹑脸部、喉部为赤褐色，胸羽呈砖红色。具有体型小、耗料少、性成熟早、产蛋量高的特点。初生雏鹑6~7克，成年公鹑重100克左右，成年母鹑体重140克左右，日采食量25~30克/只。35~40日龄开产，每年产蛋250~300枚，蛋重约10.5克，平均产蛋率可达80%以上。日本鹌鹑对饲养条件要求较高，适合密集饲养。我国曾在20世纪30年代和50年代引进饲养，后来品种退化，目前在我国蛋鹑生产中所占比例不大。

图4-1　日本鹌鹑

（二）朝鲜鹌鹑

朝鲜鹌鹑（图4-2）是由朝鲜通过对日本鹌鹑分离选育而成，1978年从朝鲜引入我国龙城、黄城两系，是目前国内分布最广、数量最大，也是最原始的品种。引入我国后，经北京种禽公司种鹌鹑场多年封闭育种，其均匀度与生产性能均有较大提高。目前，已成为我国养鹑业中蛋鹑的当家品种。羽毛灰褐色，夹杂有黑色条纹，羽毛与日本鹌鹑相似。鹑体重体型较日本鹑略大，成年公鹑体重125~130克，成年母鹑体重在150克左右，6周龄开产，

图4-2　朝鲜鹌鹑

年产蛋270~280个,平均产蛋率为75%~80%,蛋重11.5~12克,蛋壳有斑块或斑点。每天每只耗料24克左右,受精率85%~90%。

(三)中国白羽鹌鹑

中国白羽鹌鹑(图4-3)是由北京种鹌鹑场、北京农业大学(现中国农业大学)、南京农学院(现南京农业大学)采用朝鲜鹌鹑的突变个体(隐性白色鹌鹑)联合育成的白羽鹌鹑新品系。白羽纯系的体型类似朝鲜鹌鹑,初生时体羽呈浅黄色,背部深黄条斑,换羽后即变为纯白色。其背线及两翼有浅黄色条斑。眼呈粉红色,喙、胫、脚为肉色或黄

图4-3 中国白羽鹌鹑

色。屠体皮肤呈白色或淡黄色,具有伴性遗传特性,为自别雌雄配套系的父本。成年母鹑体重130~140克,40~45日龄开产,平均年产蛋265枚,平均产蛋率75%~80%,蛋重11.5~13.5克,蛋壳上有棕色或青紫色斑块或斑点,每天每只鹌鹑耗料23~25克。料蛋比2.73:1,采种日龄90~300天,受精率90%。中国白羽鹌鹑育雏期生活力稍差,成活率低,育雏条件要求较高,宜采取高温育雏。

(四)黄羽鹌鹑

黄羽鹌鹑即隐性黄羽鹌鹑(图4-4)由南京农业大学种鹌鹑场发现的突变个体,并进行培育,体羽浅黄色,夹杂褐色条纹,初生雏胎毛浅黄色,喙、脚浅褐色。体型、体重与朝鲜鹌鹑相似,其产蛋率、抗病力超过朝鲜鹌鹑。公鹑体重130克,母鹑160克。6周龄开产,年产蛋量260~300枚。高峰期产蛋率达93%~95%,年平均产蛋率83%,蛋重11~12克,料蛋比2.7:1,蛋壳颜色同朝鲜蛋鹑。具有伴性遗传特征,属于隐性黄羽类型,可根据胎毛色彩自别雌雄,为自别雌雄配套父本品系。该品种适应性广,耐粗饲,体质较好,抗病

力强，育雏期容易管理，成活率高，生产性能稳定，饲养期为14个月，自然淘汰率5%~10%。

图4-4 黄羽鹌鹑

（五）中国自别雌雄配套系

利用隐性基因鹌鹑纯系具有伴性遗传的特性，当隐性白羽或黄羽公鹌鹑与栗羽母鹌鹑杂交时，其子一代可根据胎毛颜色自别雌雄。中国自别雌雄配套系为商品蛋鹑的分群管理、培育与生产力的提高，节约雄雏的笼养面积与饲料，降低饲养成本，起了决定性的作用，具有较高的育种与生产价值，受到广大商品鹑场、养鹑户的欢迎。

1. 隐性白羽公鹑 × 朝鲜母鹑（栗羽）

由北京市种禽公司、中国农业大学和南京农业大学等培育成功。杂交子一代初生雏栗色胎毛者为雄雏（近母本胎毛颜色）；而淡黄色羽为雌雏（近父本胎毛颜色），换羽后即为白羽，自别准确率100%。河南科技大学测定，杂交白羽商品代51日龄开产，年产蛋286枚，平均蛋重12克，料蛋比2.8∶1。

2. 隐性黄羽公鹑 × 朝鲜鹌鹑（栗羽）

由南京农业大学进行了配套系测定研究，其杂交子一代雏鹑胎毛颜色栗褐色者为雄雏，胎毛颜色为黄色者（背部隐有深黄色条斑）为雌雏。经多年测交试验，此种正交的杂交雏生命力强，育雏率可达93%以上，雌鹌鹑生产性能较朝鲜母鹌强。河南科技大学测定，杂交黄羽商品代49日龄开产，年产蛋281枚，平均蛋重11.5克，料蛋比2.73∶1。

（六）法国白羽鹌鹑

由法国鹌鹑选育中心育成。体羽白色，成年鹌鹑重140克，40日龄开产，年平均产蛋率75%，最高达80%，平均蛋重11克。

（七）爱沙尼亚鹌鹑

是蛋肉兼用型品种。体羽为赭石色与暗褐色相间。公鹌鹑前胸部为赭石色，母鹌鹑胸部为带黑斑点的灰褐色。身体呈短颈短尾的圆形，背部部稍高，形成一个峰。母鹌鹑比公鹌鹑重10%~12%，具飞翔能力，无就巢性。该品种的主要生产性能为年产蛋315枚，产蛋总量3.8千克，平均开产日龄47天，成年鹌鹑每天耗料量28.6克，料蛋比2.62∶1，35日龄时平均活重公鹌鹑140克、母鹌鹑150克，平均全净膛重公鹌鹑90克、母鹌鹑100克。

二、肉用型鹌鹑品种及其主要特征

肉用型鹌鹑是专门培育产肉为主要用途的品种。其商品种蛋孵出后，不分公母雏，经过3~4周龄的饲养和育肥后，作为肉用仔鹌鹑上市。肉用型鹌鹑体型大，早期生长速度快，饲料报酬高，35~45日龄上市，活重达250~300克。肉仔鹌内脏小，屠宰率很高，能够烹制成各种鹌鹑菜肴，也可以整只卤制食用。

（一）法国肉用鹌鹑

又称法国巨型肉用鹌鹑（图4-5），是目前世界上个体硕大的优良肉用型品种，具有适应性广、繁殖力快、抗病力强、生长快、效益高的特点。体羽呈灰褐色与栗褐色，间杂有红棕色直纹羽毛，头部呈黑褐色，头顶部也有3条淡黄色直纹，尾羽较短，饲养期约5个月。5周龄雄鹌鹑180克，雌鹌鹑210克，比蛋用型鹌鹑体重高出1/5左右，4月龄体重可达350克，肥育后可达370克。年平均产蛋率60%，蛋重平均13~14.5克。1只巨型鹌鹑，一生需饲料1.5~1.7千克。法国巨型鹌鹑行动迟缓，飞行能力差，不怕人，与人亲和，不易惊群，另外成熟期短，一年可繁殖6世代，其强大繁殖力是任何家禽所望尘莫及的。胸肌发达，骨细肉厚，肠胃体积小，屠宰半净膛率达88.3%，比鸡、鸽出肉率都高。巨型鹌鹑抗病力、适应性、抗逆性都强，在良好的育雏条件下，成活率可达99%以上。

（二）中国白羽肉鹌鹑

中国白羽肉鹑（图4-6）是由北京种鹌鹑场、长春解放军农牧大学从迪法克肉鹌鹑中选育出的纯白羽肉用鹌鹑群体，体型与迪法克肉鹌鹑相似，黑眼、喙、胫、脚肉色。经北京市种鹌鹑场测定，白羽肉鹑成年雌性体重200~250克，40~50日龄开产，平均产蛋率75%左右，蛋重13克左右，每只每天耗料28~30克，料蛋比3.5：1，采种日龄90~250天，受精率85%~90%。

图4-5 法国肉用鹌鹑

图4-6 中国白羽肉鹑

（三）美国加利福尼亚鹑

美国加利福尼亚肉用鹌鹑（图4-7）是美国培育成的巨型肉用型

品种。按成年鹌鹑体羽颜色可分为金黄色和银白色两种，屠体亦呈黄色或白色。屠宰日龄50天，平均活重约230克，成年母鹑体重可达300克以上，种鹌鹑生命力及适应性强。

图4-7 美国加利福尼亚鹑　　　图4-8 美国法拉安肉鹑

（四）美国法拉安肉用鹌鹑

法拉安肉用鹌鹑（图4-8）是美国培育的巨型肉用鹌鹑品种。该品种成年体重300克左右，仔鹑经35日龄肥育，体重可达250~300克，生长速度快、屠宰率高、肉质好。

（五）莎维麦脱肉鹑

莎维麦脱肉鹑（图4-9）是由法国莎维麦脱公司育成。体形硕大，其生长发育与生产性能在某些方面已超过迪法克肉鹑。该品种母鹌鹑35~45日龄开产，年产蛋250枚以上，蛋重13.5~14.5克。在公母配比

图4-9 莎维麦脱肉鹑

为1∶2.5时，种蛋受精率可达90%以上，孵化率超过85%。5周龄平均体重超过220克，成年鹌鹑最大体重超过450克，料肉比2.4∶1，适应性强，疾病少。

（六）隐性白羽鹌鹑

由北京种禽公司培育而成。由该品系作为父亲，栗色鹌鹑为母系，产生的杂一代品系生产性能高，成熟期为45日龄，成年体重145~170克。

除了以上我国目前最常饲养的肉用型鹌鹑品种外，还有东北金黄鹌鹑、澳大利亚型肉鹌鹑、英国白鹌鹑、英国黑鹌鹑、北美鲍布鹌鹑、菲律宾鹌鹑、黑白杂交无尾鹌鹑等20多个品种。

三、鹌鹑的性别鉴定

（一）初生鹑

采用肛门鉴别法，出雏后6小时内空腹进行。鉴别时，在100瓦白炽灯光线下，用左手将雏鹌鹑的头朝下，背紧贴手掌心，轻握固定，以左手拇指、食指和中指捏住鹌鹑体，用右手食指和拇指将雏鹌鹑的泄殖腔上下轻轻拨开。如泄殖腔的黏膜呈黄色，其下壁的中央有一小的生殖突起，即为雄性；反之，如呈淡黑色，无生殖突起，则为雌性（图4-10）。

图4-10　看泄殖腔辨公母

（二）3周龄鹑

雄鹑胸部开始长出红褐色胸羽，其上偶有黑色斑点；雌鹑胸羽为淡灰褐色，其上密布黑色、大小不等的斑点。但此时有些雌鹑胸羽酷似雄鹑，加上脸部与下颌部未换新羽，鉴别有一定难度。

（三）1月龄鹑

基本换好永久体羽。雄鹑的脸、下颌、喉部开始呈赤褐色，胸羽为淡红褐色，其上镶有小黑斑点，胸部较宽，腹部呈淡黄色。雌鹑脸部为黄白色，下颌即喉部为白色，胸部密布黑色小斑点（其分布状似鸡心），腹部淡白色。如果其胸部底色似雄鹑，其上又有细小黑点的，再检查其下颌颜色，可以正确鉴别。1月龄时雄鹑开始鸣叫，鸣声短促而响亮；雌鹑叫声低，似蟋蟀叫声。

（四）成鹑

外貌鉴别如1月龄鹑。公鹑的泄殖腔背部有一发达的泄殖腔腺，稍加压迫则排出白色泡沫状的分泌物；母鹑的泄殖腔腺不发达。公鹑的脸部、下颌、喉部为赤褐色，母鹑脸部为淡褐色，下颌部为白色。母鹑耻骨已逐步开张，个体要比公鹑大。

第三节　种鹑的选择与选配

由于家鹑是从野鹑驯化培育而成，失去了其原来的就巢性，为使家鹑产生很好的经济效益，提高种蛋的孵化率和雏鹑的育雏率，必须注重鹌鹑的选种选配。

一、种鹑的选择

种鹑的选择一般通过外貌鉴定、系谱鉴定、生产力鉴定、后裔鉴定、综合鉴定5种方法进行。

（一）外貌鉴定

种鹑的外貌鉴定应根据品种、品系的外貌标准及生长发育不同阶段进行严格选择，通常采用肉眼观察及用手触摸予以鉴别。

1. 种公鹑的选择

种公鹑在40~45日龄时，要按配比选留公鹑。要求选留的公鹑（图4-11）具备如下特征：体壮胸宽，脚爪无畸形，体重120~130克，羽毛覆盖完整而紧密，颜色深而有光泽，爱鸣叫，啼声洪亮，活泼好动，肛门深红色，用手指轻轻按压时，有白色泡沫出现，交配能力强。

2. 种母鹑的选择

种母鹑应体形匀称，体大，头小而圆，喙短而结实。体重130~150克，羽毛色彩光亮，眼大有神，活泼好动，颈细长（图4-12）。其测量方法：用左手抓母鹑，右手指放于母鹑肛门两侧耻骨间，若能容纳二指，并且耻骨与胸骨末端之间能容纳三指为高产型。此种方法不适于老鹌鹑，因为老鹌鹑产蛋能力差，可腹部容积也不会小，选种时应注意这点。

图4-11 种用公鹌鹑

图4-12 种用母鹌鹑

（二）系谱鉴定

引种时应有系谱来源，血统不清的鹌鹑不要留作种用，以防近亲交配。另外通过对鹌鹑的系谱分析，可了解其祖代与亲代的遗传特性、体重及生产性能资料。因此，种鹑场中应保存有系谱档案，并按规格为种鹑、种雏进行编号、配种以及按系谱孵化。

（三）生产力鉴定

鹌鹑的生产力指标主要为产蛋和平均蛋重。开产后头3个月必须是高产者，年产蛋率蛋用型要在80%以上，肉用型要在75%以上，蛋重要符合品种标准，仔鹑及肉用仔鹑的体重也需按期达标。种公鹑除考虑其配种能力与效果外，还要根据其全同胞及半同胞姐妹的成绩来选择。

（四）后裔鉴定

一般多采用后裔与父母比较、后裔之间比较以及后裔与生产群比较3种形式，可鉴别出亲代的优劣与否。

（五）综合鉴定

综合鉴定是在上述4项鉴定的基础上根据各品种和品系实际成绩，对照有关指标，综合进行分析，最后排出名次，决定选留和淘汰。

对表现不好的种用母鹑应坚决淘汰作商品肉鹑处理，也可当商品蛋鹑饲养。

二、种鹑的选配与配种方法

（一）种鹑的选配方法

1. 同质选配

为保持鹑群的优良性状，选择具有相同性能特征或接近血缘关系的公、母鹌鹑双方交配。

2. 异质选配

为了结合公、母鹌鹑双方的优良特性，选择具有不同性能特征或血缘关系较远的公、母鹌鹑相配。

（二）种鹑的配种

1. 种鹑的配种方法

生产实践中目前均采用自然交配方式配种。自然交配可分为大群交配和小群交配，在育种工作中有人工辅助交配和同雌同雄交配。

（1）大群交配　即将母鹑数量按比例配备公鹑，使每只公鹑与每只母鹑都有机会自由组合交配。一般笼养种鹑多采用这种方式。例

如：在1个笼里将12只母鹌与4只公鹌相混合，其受精率高，但缺点是无法确知雏鹌的父母。

（2）小群交配 将1只公鹌与2~3只母鹌放于一个笼中，这种方法可确知雏鹌的父母，但受精率不如大群交配高。

（3）人工辅助交配 1只公鹌单独饲养，定时将母鹌放入，待公鹌交配后，即行取出。要想保持公鹌有良好的种用性能，1天最多交配4次，时间安排为早上7:00、中午11:00、下午3:00、晚上8:00。这种方式又称为个体控制交配，其优点是能充分利用优秀公鹌，使每只公鹌能配8只母鹌，但不足的是容易漏配，花费人力较多。

（4）同雌同雄交配 用第1只公鹌配1只母鹌，配2周后取出，空3天不放公鹌，于第3周的第4天放入第2只公鹌，前2周零3天产的种蛋为第1只公鹌的后代，第4周产的种蛋是第2只公鹌的后代，这样可以继续轮配下去。此方法优点在于，由于与配母鹌相同，通过后裔鉴定，可选出2只公鹌的较优者，这种方法可以用在优良母鹌少的情况下。

生产实践中通常是2只公鹌配6只母鹌（1:3比例）。有条件的养殖户，先将种鹌养在分为四小间的笼内，每间养2只公鹌、6只母鹌，使其自然交配。为保持种公鹌年轻化，条件许可时，每配种3个月更换全部原配种公鹌。

2. 种鹌的配种时间

公鹌出壳后30天开始鸣叫，逐渐达到性成熟，母鹌出壳后40~50天开产，开产后即可配种。过早配种会影响公鹌的发育和母鹌产蛋，一般种公鹌为90日龄，种母鹌在开产20天之后开始配种较适宜。据测定，肉鹌开产日龄为45天，蛋鹌开产日龄平均为50天，开产后10~15天即可进行交配，65~70日龄就可开始留种蛋，种蛋重量要求达到12克。

3. 种鹌的交配比例

鹌鹑在野生条件下成对生活，现代鹌鹑生产中采用大群自然交配，公、母鹌比例一般为1:3。研究表明，公、母鹌比例为1:2、1:3、1:4时差异不显著，公、母鹌比例为1:5、1:6时受精率在

83%以上,因此,适宜的公、母鹌鹑比例为1:(4~6)。

4.配种注意事项

种鹑入笼时,优先放置公鹑,使其先熟悉环境,占据笼位顺序优势,数日后再放入母鹑,在配种过程中要注意观察公、母鹑的表现,发现问题及时采取有效措施,鹌鹑在配种过程中有3个特点。

(1)鹌鹑对配偶选择严格　公鹑往往只挑选部分母鹑配种,而母鹑也只接受某几只公鹑,常常看到由于母鹑拒绝公鹑,而遭到公鹑啄,所以配种后可能有个别母鹑产无精蛋现象。

(2)鹌鹑好斗　在1个配种笼中往往有1~2只好斗的,在同类中称霸,它不允许其他公鹑自由选择配偶,对拒绝它的母鹑不但要啄,还不允许其他公鹑与之交配。在这种情况下,不但会影响鹑群的受精率,还常常因格斗而发生流血事件,如不及时抢救,将导致大批伤残,所以一旦发现凶残好斗的鹌鹑,就应立即从配种笼中取出淘汰,所以在选留种鹑时,除参加配种的公鹑外,还应适当地多选一些放在另一笼中备用。

(3)配种2周后的种蛋才可以用作孵化　因公、母鹑双方必须有一个彼此熟悉的过程。

(三)防止种鹑退化

为了提高养殖效益,要防止种鹑退化。除按品种、品系对种鹑、种蛋、种雏严格挑选外,尤其要注意选配技术,不能盲目乱交和近亲繁殖。引种时要了解种鹑来源,记载种鹑品种或品系情况,以防止近亲交配造成退化。不同品种、品系必须分别孵化和饲养。5日龄时要编翅号,30日龄时戴脚号,并详细记录育雏率、性成熟期、初产蛋重、蛋形、壳斑颜色、产蛋高峰周龄、开产后3个月的产蛋量、年平均产蛋率、存活率、蛋料比等有关育种指标及经济指标。留种的种蛋应来自种鹑开产后4~8个月内产的蛋为好。

第五章

鹌鹑的饲料与营养

鹌鹑和其他畜禽一样,必须不断地从外界取得营养物质,补充正常生理活动的消耗,并满足生长发育和生产的需要。能满足鹌鹑维持生命和生产所需的物质称为鹌鹑的饲料。在养鹑业中,饲料费一般占总生产费的60%~70%,可见,饲料在养鹑业中占极其重要的地位,所以养鹑者必须了解饲料的基本知识,做到合理使用饲料。

第一节 鹌鹑常用的饲料原料及营养成分

鹌鹑的采食量少,生长速度快,产蛋量多,因此鹌鹑的饲料应选择体积小、粗纤维少,可消化养分多的谷实类、饼类、糠麸类饲料和易消化吸收、营养水平较高的动物性饲料,尽量少用青饲料和粗饲料。鹌鹑常用的饲料原料包括:能量饲料、蛋白质饲料、矿物质饲料、维生素饲料。

一、能量饲料原料

通常将粗纤维含量低于18%、粗蛋白含量低于20%的饲料原料称为能量饲料原料。能量饲料原料主要包括谷物籽实类、糠麸类及油脂类等。能量饲料原料是鹌鹑配合饲料中主要能量来源,其共同特点是:蛋白含量低且蛋白质品质较差,某些氨基酸含量不足,特别是赖氨酸和蛋氨酸含量较少;矿物质含量磷多、钙少;B族维生素和维生素E含量较多,但缺乏维生素A和维生素D。

(一)谷物籽实类能量饲料

作为鹌鹑能量饲料原料的谷物籽实主要包括:玉米、高粱、小麦、大麦、燕麦等。

1. 玉米

玉米适口性好,消化率高,是畜禽配合饲料中最主要的能量饲料原料,也是鹌鹑最常用的能量饲料原料之一。其能量含量在谷物籽实类饲料原料中几乎列首位,而且不含营养限制性成分和有毒、有害成分,被誉为"饲料之王"。

玉米不仅常规营养成分含量高(表5-1),而且富含 β-胡萝卜素(维生素A原)和维生素E(20毫克/千克),维生素B_1较多,但维生素D、维生素K、维生素B_2和烟酸缺乏;玉米的钙含量极少(仅0.02%),磷含量(0.25%)中55%~70%为植酸磷;玉米的铁、铜、锌、锰、硒等微量元素含量较低。在用玉米配鹌鹑饲料时需粉碎得较细些,特别是配幼鹑料。一般可占日粮的50%左右。

表5-1 几种鹌鹑常用谷物籽实类饲料原料主要营养成分

种类	干物质(%)	消化能(兆焦/千克)	粗蛋白质(%)	粗脂肪(%)	粗纤维(%)	无氮浸出物(%)	粗灰分(%)	钙(%)	磷(%)
玉米(G1级)	86.0	14.87	8.7	3.6	1.6	70.7	1.4	0.02	0.27
玉米(G2级)	86.0	14.47	7.8	3.5	1.6	71.8	1.3	0.02	0.27
高粱	86.0	13.31	9.0	3.4	1.4	70.4	1.8	0.13	0.36
小麦	87.0	14.82	13.9	1.7	1.9	67.6	1.9	0.17	0.41
大麦(裸)	87.0	14.99	13.0	2.1	2.0	67.7	2.2	0.04	0.21
大麦(皮)	87.0	13.31	11.0	1.7	4.8	67.1	2.4	0.09	0.33
稻谷(N2级)	86.0	13.00	7.8	1.6	8.2	63.8	4.6	0.03	0.36
燕麦	88.0	13.28	8.8	4.0	10.0	68.9	2.1	0.05	0.21

2. 高粱

也是能量饲料原料。其营养成分与玉米相似（表5-1），主要成分是淀粉，粗纤维含量低；蛋白含量略高于玉米，但蛋白质品质差，缺乏赖氨酸、精氨酸、组氨酸和蛋氨酸；脂肪含量低于玉米；矿物质钙少磷多，与玉米相似；除泛酸含量和利用率高外，其余维生素含量都不高。高粱中的营养限制性成分是单宁，单宁味苦涩，对鹌鹑适口性和养分消化利用率都有明显的不良影响。高粱在鹌鹑饲料中一般不常用。

3. 小麦

小麦是我国人民的主食谷物，由于价格较贵，极少用于饲料，一般在玉米价格比较高的时候用一部分小麦作为家畜饲用。

小麦与玉米的粗纤维相当，粗脂肪低；粗蛋白高于玉米，是谷物籽实类中含蛋白质最高的（表5-1），但缺乏赖氨酸和苏氨酸，氨基酸平衡性比玉米略差，小麦的能量含量也比较高；B族维生素及维生素E含量较高，但是维生素A、维生素D、维生素K、生物素低（生物素含量比玉米高，但是玉米中生物素几乎100%可利用，而小麦中的生物素利用率非常低）。

4. 大麦

大麦是皮大麦（普通大麦）和裸大麦的总称。皮大麦籽实外面包有一层种子外壳，是一种主要的饲用能量饲料原料。

大麦蛋白含量高（表5-1），而且氨基酸中赖氨酸、色氨酸和异亮氨酸等都高于玉米，尤其是赖氨酸高出较多，因此大麦是能量饲料原料中蛋白质品质较好的一种；大麦的营养限制因子包括麦角毒和单宁。籽实畸形的麦粒含有麦角毒，麦角毒能降低大麦的适口性，甚至引起鹌鹑中毒，因此发现大麦中畸形籽多的时候，千万慎用。另外，大麦中也含有单宁，单宁影响适口性和蛋白质的消化利用率。大麦在鹌鹑配合饲料中的比例可占5%~10%。

5. 燕麦

是鹌鹑良好的能量饲料原料，粗蛋白含量略高于玉米，而蛋白质品质优于玉米，粗脂肪含量较高，粗纤维含量高于玉米（表5-1）。

鹌鹑配合饲料中可占10%~20%。

(二) 糠麸类能量饲料

糠麸类饲料原料是粮食加工副产品，资源比较丰富，主要有：小麦麸和次粉、米糠、小米糠、玉米糠、高粱糠等。

1. 小麦麸和次粉

是小麦加工成面粉过程中的副产物。

小麦麸和次粉的营养成分因小麦加工工艺、精致程度、出粉率、出麸率等的不同而差异很大。两者共同特点是：蛋白质含量高，但品质差；脂肪含量与玉米相当；粗纤维含量高于玉米，尤其是麦麸的粗纤维含量远远高于次粉。麦麸富含B族维生素和维生素E，但烟酸利用率低，仅为35%；矿物质元素含量丰富，尤其是铁、锰、锌较高，但缺乏钙，磷含量高但钙磷不平衡，利用时注意补充钙和磷。次粉维生素、矿物质含量不及麦麸。具体营养成分见表5-2。

表5-2 小麦麸和次粉营养成分

种类	干物质(%)	消化能(兆焦/千克)	粗蛋白质(%)	粗脂肪(%)	粗纤维(%)	无氮浸出物(%)	粗灰分(%)	钙(%)	磷(%)
小麦麸(NY1级)	87.0	7.72	15.7	3.9	8.9	53.6	4.9	0.11	0.24
小麦麸(NY2级)	87.0	7.57	14.3	4.0	6.8	57.1	4.8	0.10	0.24
次粉(NY1级)	88.0	14.26	15.4	2.2	1.5	67.1	1.5	0.08	0.48
次粉(NY2级)	87.0	13.98	13.6	2.1	2.8	66.7	1.8	0.08	0.48

小麦麸适口性好，是鹌鹑良好的饲料原料。但由于粗纤维较多，体积较大，在日粮中不宜超过15%。

2. 米糠

米糠又称稻糠。稻谷去壳后为糙米，糙米再经精加工后成为精米，此精米加工工艺过程中便得到稻壳和米糠两种副产品。稻壳（又称砻糠）的营养价值极低，一般不作为饲用。

经脱脂处理后米糠称之为脱脂米糠，用压榨法提取油脂后的产物叫米糠饼，用浸提法提取油脂以后的产物叫米糠粕。经脱脂处理后，米糠的营养成分也发生相应的变化。米糠及其饼粕的营养成分含量见表5-3。

表5-3 米糠及其饼粕的营养成分

种类	干物质（%）	消化能（兆焦/千克）	粗蛋白质（%）	粗脂肪（%）	粗纤维（%）	无氮浸出物（%）	粗灰分（%）	钙（%）	磷（%）
米糠	87.0	12.53	12.8	16.5	5.7	44.5	7.5	0.07	1.43
米糠饼	88.0	11.36	14.7	9.0	7.4	48.2	8.7	0.14	1.69
米糠粕	87.0	9.25	15.1	2.0	7.5	53.6	8.8	0.15	1.82

米糠是能值最高的糠麸类饲料原料，新鲜米糠适口性较好。但由于米糠粗脂肪含量较高，且主要是不饱和脂肪酸，容易发生氧化和水解酸败，易发热和霉变。变质米糠适口性变差，饲喂时会引起鹌鹑腹泻死亡。因此，用米糠喂鹌鹑时一定要引起注意，一般鹌鹑配合饲料中新鲜米糠或脱脂米糠可占5%~10%。

3. 小米糠

小米糠分为粗谷糠（小米壳糠）和细谷糠，是从谷子制作小米过程中分离出来的副产品。细米糠的营养价值较高，其粗蛋白质约为11%、粗纤维约为8%、总能为18.46兆焦/千克；含有丰富的B族维生素，尤其是硫胺素（维生素B_1）、核黄素（维生素B_2）含量高；粗脂肪含量也很高，故容易被氧化变质，使用时要注意。可占鹌鹑配合饲料的10%~15%。

与细米糠相比，小米壳糠营养价值较低，含蛋白质5.2%、粗纤维29.9%、粗灰分15.6%，也可作为鹌鹑饲料原料在鹌鹑配合饲料中加入10%左右。

（三）油脂类能量饲料

油脂是最好的一类能量饲料原料，特点是能值很高。鹌鹑日粮中添加适量的脂肪，可以提高饲料能量水平，改善饲料质地和适口性，促进脂溶性维生素的吸收，提高饲料转化率和促进生长，在鹌鹑日粮中可添加动物脂肪1%~3%。

二、蛋白质饲料原料及其营养利用特点

蛋白质是鹌鹑生命活动的基础，是生长、繁殖和组织更新的主要原料，同时也是组成抗体的主要成分。产蛋鹌鹑每天需要蛋白质5克左右，或日粮中需含蛋白质24%左右，生长鹌鹑的饲料应含蛋白质20%~24%，肉用鹌鹑的饲料应含蛋白质24%~25%。通常将粗蛋白质含量在20%以上的饲料原料称为蛋白质饲料。

蛋白质饲料是鹌鹑饲粮中蛋白质的主要来源，可分为三大类，即植物性蛋白饲料、动物性蛋白饲料和单细胞蛋白饲料。

（一）植物性蛋白饲料

植物性蛋白饲料是鹌鹑饲粮蛋白质的主要来源，包括豆类籽实及其加工副产品、各种油料作物籽实加工副产品和其他作物加工副产品等。其营养特点是：粗蛋白质含量高，蛋白品质好，赖氨酸含量高；不足之处是含硫氨基酸含量比较低。主要有大豆饼（粕）、花生饼、芝麻饼、菜籽饼、棉籽饼等。

1. 豆类作物籽实及其加工副产品

豆类作物主要包括大豆、黑豆、绿豆、豌豆、蚕豆等，豆类籽实价格比较高，一般很少用来作为饲料。用作饲料的只是豆类籽实加工副产品，其中主要以大豆提取油脂以后的副产品——豆饼或豆粕作为饲料普遍使用。

（1）大豆及大豆饼（粕） 大豆是重要的油料作物之一。大豆分为黄大豆、青大豆、黑大豆、其他大豆和饲用大豆（秣食豆）等5

类，其中比例最大的是黄大豆，也称黄豆。大豆价格较高，一般不直接用作饲料，而其榨油后的副产品（豆饼或豆粕）是很好的蛋白质饲料原料，营养成分见表5-4。

表5-4 主要豆类加工副产品营养成分

营养成分	大豆饼（NY2级）	大豆粕（NY2级）	黑豆饼（2级/1986）	蚕豆粉浆蛋白	绿豆粉浆蛋白	豌豆粉浆蛋白
干物质（%）	89.0	89.0	88.0	88.0	90.5	92.5
粗蛋白质（%）	41.8	44.0	39.8	66.3	71.7	74.0
粗脂肪（%）	5.8	1.9	4.9	4.7	—	—
粗纤维（%）	4.8	5.2	6.9	4.1	—	—
无氮浸出物（%）	30.7	31.8	29.7	10.3	—	—
粗灰分（%）	5.9	6.1	6.7	2.6	—	—
钙（%）	0.31	0.33	0.42	—	—	—
磷（%）	0.50	0.62	0.48	0.59	—	—
精氨酸（%）	2.53	3.19	3.02	5.96	6.29	6.77
苏氨酸（%）	1.44	1.92	1.79	2.31	2.69	2.63
胱氨酸（%）	0.62	0.68	0.60	0.57	—	—
缬氨酸（%）	1.70	1.99	1.88	3.20	3.13	3.02
蛋氨酸（%）	0.60	0.62	0.46	0.60	—	—
赖氨酸（%）	2.43	2.66	2.33	4.44	5.01	5.83
异亮氨酸（%）	1.57	1.80	1.85	2.90	3.73	3.92
亮氨酸（%）	2.75	3.26	3.14	2.88	5.55	5.65
酪氨酸（%）	1.53	1.57	3.02	2.21	2.00	2.03
苯丙氨酸（%）	1.79	2.23	2.13	3.34	3.28	3.00
组氨酸（%）	1.10	1.09	1.02	1.66	—	—
色氨酸（%）	0.64	0.64	0.47	—	—	—

由于生大豆中存在有多种抗营养因子，如胰蛋白酶抑制因子、大豆凝集素、肠胃胀气因子、植酸等，对鹌鹑健康和正常生产有不利影响，因此不能直接用来饲喂鹌鹑，必须经过热处理（蒸或炒）。豆粕和豆饼都是大豆经过处理后再提取油脂的副产品，是鹌鹑蛋白质饲料的主要原料，其饲喂价值是各种饼粕类饲料原料中最高的，一般可占日粮的30%。

（2）黑豆及黑豆饼　黑豆与黄豆相比较，粗蛋白质含量略高，粗脂肪含量略低，可利用能值小于黄豆，粗纤维含量略高于黄豆（表5-4），是过去农户大牲畜传统的精补料，营养特点与黄豆相似。黑豆饼是黑豆提取油脂后的副产品，市场上黑豆饼的数量有限，其营养特性（表5-4）和使用特点同于大豆饼（粕）。

2.油料作物籽实加工副产品

（1）花生饼（粕）　是花生脱壳后的花生仁经一定工艺提取油脂后的副产品，其营养成分见表5-6。

生花生中含有胰蛋白酶抑制剂，含量约为生黄豆的20%，可以在榨油过程中经加热而除去。花生饼（粕）极易感染黄曲霉菌后产生黄曲霉毒素，黄曲霉毒素可引起鹌鹑中毒，因此在配料时要引起注意。可占到鹌鹑配合饲料的5%~15%，但应注意与其他蛋白原料搭配，或添加赖氨酸和蛋氨酸，来调整氨基酸的平衡。

（2）葵花籽饼（粕）　葵花籽即向日葵籽，一般含壳30%左右，含油量20%~30%，脱壳后的葵花籽仁含油量高达40%~50%。葵花籽榨油工艺有压榨法、预榨—浸提法、压榨—浸提法。

葵花籽壳的粗纤维含量很高（干物质中达64%），而蛋白质和脂肪含量很低（表5-6），因此脱壳与否对葵花籽饼（粕）的营养成分影响很大（表5-5）。

表5-5　脱壳与不脱壳葵花籽饼和葵花籽粕营养成分比较

营养成分	葵花籽饼		葵花籽粕	
	葵花籽未脱壳	葵花籽脱壳	葵花籽未脱壳	葵花籽脱壳
干物质(%)	90.0	90.0	90.0	90.0
粗蛋白质(%)	28.0	41.0	32.0	46.0

续表

营养成分	葵花籽饼		葵花籽粕	
	葵花籽未脱壳	葵花籽脱壳	葵花籽未脱壳	葵花籽脱壳
粗脂肪（%）	6.0	7.0	2.0	3.0
粗纤维（%）	24.0	13.0	22.0	11.0
粗灰分（%）	6.0	7.0	6.0	7.0
钙（%）	—	—	0.56	
磷（%）	—	—	0.90	

葵花籽饼和葵花籽粕在鹌鹑配合饲料中可占5%~10%。

（3）菜籽饼（粕） 是油菜籽取油后的副产品，蛋白质含量比大豆饼（粕）稍低（表5-6），赖氨酸含量比大豆饼（粕）少，能值比大豆饼（粕）低，含粗纤维较多。菜籽饼（粕）中的营养抑制因子是芥子苷，芥子苷是有毒物质，长期摄入或过量摄入会影响鹌鹑生产和健康，甚至会引起鹌鹑死亡。因此应严格限制饲喂量，一般不超过5%。生产中可将菜籽饼蒸煮去毒后使用。

（4）棉籽饼（粕） 是棉籽经过脱壳取油后的副产品。在我国，棉籽饼（粕）总产量仅次于豆饼（粕），但价格相对较低，是廉价的蛋白质饲料，其营养成分见表5-6。棉籽饼（粕）中含有游离棉酚，被动物摄食后主要分布在肝、肾、肌肉组织和血液中，在体内的排泄比较慢，有明显的累积作用，可引起蓄积性中毒。用脱毒棉籽饼（粕）或用低棉酚品种的棉籽饼（粕）替代部分豆饼（粕），可以降低鹌鹑的饲料成本。但饲料中用量不能超过5%，且不宜长期饲喂。

（二）动物性蛋白饲料

动物性蛋白饲料是指渔业、食品加工业或乳制品加工业的副产品。这类饲料原料蛋白质含量极高（45%~85%），蛋白品质好，氨基酸品种全、含量高、比例适宜，消化率高；粗纤维极少；矿物质元素钙磷含量高且比例适宜；B族维生素（尤其是核黄素和维生素B_{12}）含量相当高，是优质蛋白质饲料原料。

表5-6 几种油料作物饼粕类蛋白饲料原料营养成分

营养成分	花生饼(NY2级)	花生粕(NY2级)	菜籽饼(NY2级)	菜籽粕(NY2级)	棉籽饼(NY2级)	棉籽粕(NY2级)	向日葵饼(NY2级)	向日葵粕(NY2级)	亚麻饼(NY2级)	亚麻粕(NY2级)	胡麻饼(NY2级)	芝麻饼(NY2级)
干物质(%)	88.0	88.0	88.0	88.0	88.0	90.0	88.0	88.0	88.0	88.0	88.0	92.0
粗蛋白质(%)	44.7	47.8	35.7	38.6	36.3	43.5	29.0	33.6	32.2	34.8	33.1	39.2
粗脂肪(%)	7.2	1.4	7.4	1.4	7.4	0.5	2.9	1.0	7.8	1.8	7.5	10.3
粗纤维(%)	5.9	6.2	11.4	11.8	12.5	10.5	20.4	14.8	7.8	8.2	9.8	7.2
无氮浸出物(%)	25.1	27.2	26.3	28.9	26.1	28.9	31.0	38.8	34	36.6	34.0	24.9
粗灰分(%)	5.1	5.4	7.2	7.3	5.7	6.6	4.7	5.3	6.2	6.6	7.6	10.4
钙(%)	0.25	0.27	0.59	0.65	0.21	0.28	0.24	0.26	0.39	0.42	0.58	2.24
磷(%)	0.53	0.56	0.96	1.02	0.83	1.04	0.87	1.03	0.88	0.95	0.77	1.19
精氨酸(%)	4.60	4.88	1.82	1.83	3.94	4.65	2.44	2.89	2.35	3.59	2.97	2.38
组氨酸(%)	0.83	0.88	0.83	0.86	0.90	1.19	0.62	0.74	0.51	0.64	0.63	0.81
异亮氨酸(%)	1.18	1.25	1.24	1.29	1.16	1.29	1.19	1.39	1.15	1.33	1.25	1.42
亮氨酸(%)	2.36	2.50	2.26	2.34	2.07	2.47	1.76	2.07	1.62	1.85	2.02	2.52
赖氨酸(%)	1.32	1.40	1.33	1.30	1.40	1.97	0.996	1.13	0.73	1.16	1.18	0.82
蛋氨酸(%)	0.39	0.41	0.60	0.63	0.41	0.58	0.59	0.69	0.46	0.55	0.44	0.82
胱氨酸(%)	0.38	0.40	0.82	0.87	0.70	0.68	0.43	0.50	0.48	0.55	0.31	0.75
苯丙氨酸(%)	1.81	1.92	1.35	1.45	1.88	2.28	1.21	1.43	1.32	1.51	1.60	1.68
酪氨酸(%)	1.31	1.39	0.92	0.97	0.95	1.05	0.77	0.91	0.50	0.93	0.76	1.02
苏氨酸(%)	1.05	1.11	1.40	1.49	1.14	1.25	0.98	1.14	1.00	1.10	1.20	1.29
色氨酸(%)	0.42	0.45	0.42	0.43	0.39	0.51	0.28	0.37	0.48	0.70	0.40	0.49
缬氨酸(%)	1.28	1.36	1.62	1.74	1.51	1.91	1.35	1.58	1.44	1.51	1.52	1.84

1. 鱼粉

鱼粉的营养价值因鱼种、加工工艺和贮存条件等的不同而差异很大。鱼粉的含水量4%~15%，平均10%左右。鱼粉粗蛋白质含量40%~70%，一般进口鱼粉在60%以上，国产鱼粉在50%左右。鱼粉蛋白质品质好，氨基酸含量高，比例平衡，进口鱼粉赖氨酸含量高达5%以上，国产鱼粉3%~3.5%。鱼粉粗灰分含量较高，含钙5%~7%，磷含量2.5%~3.5%，钙磷比例合理，磷以磷酸钙形式存在，利用率高。鱼粉含盐量高，一般为3%~5%，高者可达7%以上，因此使用鱼粉的鹌鹑配合料配方要注意控制食盐添加量。鱼粉中微量元素以铁、锌、硒的含量高，海产鱼粉碘含量也较高。鱼粉中大部分脂溶性维生素在加工过程中被破坏，但保留相当高的B族维生素，尤以维生素B_{12}和维生素B_2含量高。鱼粉的营养成分见表5-7。鹌鹑饲料中一般可添加10%~30%，但加入鱼粉后要充分混匀。

2. 蚕蛹粉与蚕蛹饼

蚕蛹是蚕茧制丝后的残留物，蚕蛹经干燥粉碎后得到蚕蛹粉；蚕蛹脱脂后的残留物为蚕蛹饼。蚕蛹粉蛋白含量高，其中40%左右为几丁质氮，其余为优质蛋白质。蚕蛹含赖氨酸约3%、蛋氨酸1.5%、色氨酸高达1.2%，比进口鱼粉高出1倍（表5-7）。蚕蛹粉能值高，含粗脂肪20%~30%，脂肪中不饱和脂肪酸含量高，贮存不当易变质。脱脂的蚕蛹饼蛋白质量更高，易贮存，但能值低；富含磷，是钙的3.5倍；B族维生素丰富。鹌鹑饲粮中可占1%~3%。

3. 血粉

是畜禽鲜血经脱水干燥加工而成的一种产品，是屠宰场主要屠宰副产品之一。血粉中粗蛋白质、赖氨酸含量高，色氨酸和组氨酸含量也高。但血粉的蛋白品质较差，血纤维蛋白不易消化，赖氨酸利用率低。血粉中异亮氨酸很少，蛋氨酸含量偏低，各氨基酸不平衡。血粉含磷少，微量元素中铁含量高达2800毫克/千克，其他微量元素与谷物类原料相近。营养成分见表5-8。

血粉因其蛋白质和赖氨酸含量高，但氨基酸不平衡，所以须与植物性饲料原料混合使用。血粉味苦，适口性差，鹌鹑饲粮中的用量不宜过高，一般以 1%~3% 为宜。

4. 羽毛粉

是家禽屠宰褪毛处理所得羽毛经清洗、高压水解后粉碎所得的产品。羽毛蛋白为角蛋白，鹌鹑不能消化，经高压加热处理可使其分解，提高羽毛蛋白的营养价值，使羽毛粉成为一种可以利用的蛋白原料，营养成分见表5-7。

羽毛粉蛋白质含量高，蛋白中胱氨酸含量高达3%左右，含硫氨基酸利用率在41%~82%。鹌鹑饲粮中可添加羽毛粉1%~3%。

5. 肉骨粉和肉粉

是以畜禽屠宰场副产品中除去可食部分之后的残骨、皮、脂肪、内脏、碎肉屑等为主要原料，经过熬油以后再干燥粉碎而得的混合物。肉骨粉和肉粉除粗灰分有明显区别，钙、磷有区别以外，很难进行区别。肉骨粉的粗灰分明显高于肉粉，钙、磷高于肉粉。肉骨粉、肉粉粗蛋白含量45%~55%，钙磷含量高，且比例平衡，磷的利用率高，B族维生素含量高，维生素A和维生素D很少，营养成分见表5-7。鹌鹑饲粮中的用量以1%~5%为宜。品质差的肉骨粉、肉粉，卫生条件差，容易引起鹌鹑得病和中毒，使用时一定要谨慎。

（三）单细胞蛋白饲料

单细胞蛋白是指单细胞或具有简单构造的多细胞生物的菌体蛋白，由此而形成的蛋白质较高的饲料称为单细胞蛋白（SCP）饲料，又称微生物蛋白饲料。主要有酵母类（如酿酒酵母、热带假丝酵母等）、细菌类（假单胞菌、芽孢杆菌等）、霉菌类（青霉、根霉、曲霉、白地霉等）和微型藻类（小球藻、螺旋藻等）等4类。常用的酵母菌有酵母属、球拟酵母属、假丝酵母属、红酵母属、圆酵母属等，菌种不同，发酵工艺不同，生成的饲料酵母营养成分不同。饲料酵母的粗蛋白质含量高，氨基酸含量丰富，氨基酸中赖氨酸含量高，蛋氨酸含量低；矿物质成分含量也比较高，以啤酒酵母为例，钙0.16%，磷1.02%，每千克含铁902.0毫克、铜61.0毫克、锰22.3毫克、锌86.7毫克；含有丰富的B族维生素，每千克饲用酵母

表 5-7　几种主要动物性蛋白饲料原料营养成分

营养成分	鱼粉（进口）	鱼粉（进口）	鱼粉（国产脱脂）	鱼粉（国产普通）	鱼粉（国产等外）	蚕蛹（全脂）	蚕蛹（脱脂）	血粉（猪喷雾干燥）	羽毛粉（水解）	肉骨粉	肉粉（脱脂）	血浆蛋白粉
干物质(%)	90.0	90.0	90.0	90.0	90.0	91.0	89.0	88.0	88.0	93.0	94.0	92.5
粗蛋白质(%)	64.5	62.5	60.2	55.1	38.6	53.9	64.8	82.8	77.9	50.0	54.0	70.0
粗脂肪(%)	5.6	4.0	4.9	9.3	4.6	22.3	3.9	0.4	2.2	8.5	12.0	
粗纤维(%)	0.5	0.5	0.5	—	—	—	—	0.0	0.7	2.8	1.4	
无氮浸出物(%)	8.0	10.0	11.6	—	—	—	—	1.6	1.4	—	—	
粗灰分(%)	11.4	12.3	12.8	18.9	27.3	2.9	4.7	3.2	5.8	31.7	—	13.0
钙(%)	3.81	3.96	4.04	4.59	6.13	0.25	0.19	0.29	0.20	9.20	7.69	0.14
磷(%)	2.83	3.05	2.90	2.15	1.03	0.58	0.75	0.31	0.68	4.70	3.88	0.13
精氨酸(%)	3.91	3.86	3.57	3.02	2.73	2.86	3.53	2.99	5.30	3.35	3.60	4.79
组氨酸(%)	1.75	1.83	1.71	0.90	0.75	1.29	1.87	4.40	0.58	0.96	1.14	2.50
异亮氨酸(%)	2.68	2.79	2.68	2.23	1.82	2.37	3.39	0.75	4.21	1.70	1.60	1.96
亮氨酸(%)	4.99	5.06	4.80	3.85	2.96	3.78	4.92	8.38	6.78	3.20	3.84	5.56
赖氨酸(%)	5.22	5.12	4.72	3.64	2.12	3.66	4.85	6.67	1.65	2.60	3.07	6.10
蛋氨酸(%)	1.71	1.66	1.64	1.44	0.89	2.21	2.92	0.74	0.59	0.67	0.80	0.53
胱氨酸(%)	0.58	0.55	0.52	0.47	0.41	0.53	0.66	0.98	2.93	0.33	0.60	2.24
苯丙氨酸(%)	2.71	2.67	2.35	2.10	1.49	2.27	3.78	5.23	3.57	1.70	2.17	3.70
酪氨酸(%)	2.13	2.01	1.96	1.63	1.16	3.44	4.71	2.55	1.79	—	1.40	1.33
苏氨酸(%)	2.87	2.78	2.57	2.22	3.05	2.41	3.14	2.86	3.51	1.63	1.97	4.13
色氨酸(%)	0.78	0.75	0.70	0.70	0.60	1.25	1.50	1.11	0.40	0.26	0.35	—
缬氨酸(%)	3.25	3.14	3.17	2.29	1.99	3.44	3.79	6.08	6.05	2.25	2.66	4.12

含硫胺素 5~20 毫克、核黄素 40~150 毫克、泛酸 50~100 毫克、烟酸 300~800 毫克、吡哆醇 8~18 毫克、生物素 0.6~2.3 毫克、叶酸 10~35 毫克、胆碱 6 克；粗脂肪含量低；粗纤维和粗灰分含量取决于酵母来源。此外，还含有其他生物活性物质。鹌鹑饲粮中饲料酵母的用量以 1%~3% 为宜。

三、矿物质元素饲料及其营养利用特点

矿物质元素补充饲料是补充矿物质元素的饲料原料。包括提供钙、磷、钠、氯、镁、硫等常量元素的矿物质补充饲料和提供铁、铜、锌、锰、碘、硒、钴等微量元素的无机盐类或其他产品。根据动物体内含量和需要量，矿物质元素分为常量矿物质元素和微量矿物质元素，前者占体重的 0.01% 以上，在饲料中的添加量以"%"表示，后者在机体内的含量在 0.01% 以下，在饲料中的添加量通常以"毫克/千克"表示。

（一）常量矿物质元素补充饲料

鹌鹑体内需要的矿物质元素种类虽然很多，但一般饲养条件下需要补充的矿物质元素主要包括钙、磷、钠、氯等，具体补充饲料原料主要有下列几种，其矿物质元素含量见表 5-8。

1. 食盐（氯化钠）

钠和氯是鹌鹑机体必需的无机元素，食盐是很好的补充氯和钠的物质。精制食盐含氯化钠 99%，粗制食盐含氯化钠 95%；纯净的食盐含氯 59.0%、含钠 39.5%（表 5-8），另外还含有少量的钙、镁、硫等杂质，碘化盐中并含有 0.007% 的碘元素。食盐还可以改善鹌鹑适口性，增强食欲，具有调味作用。但食盐饲喂过量会引起食盐中毒，一般在鹌鹑饲料中的含量不应超过 3%。另外，可添加适量的细沙砾，有助于鹌鹑的消化，日粮中混入 0.2%~0.3%，或单独喂给，或放入沙浴盘，供自由采食。另外补饲食盐时，一定要保证充足的饮水，以便机体能及时调节体内盐的浓度，维持生理平衡。

2. 钙补充饲料

常用的单纯补钙的矿物质饲料有石粉、贝壳粉、蛋壳粉等，主要成分为碳酸钙，含钙33%~37%。通常的含钙矿物质补充饲料有碳酸钙、石粉、石灰石、方解石、贝壳粉、蛋壳粉、硫酸钙等（表5-8），其中贝壳粉和蛋壳粉利用率较高，石粉宜选用含氟和镁较少的。另外，蛋壳粉应经过高温消毒，以免传播疾病。同时含钙和磷的矿物质饲料有骨粉、磷酸钙、磷酸氢钙等。一般蒸制的骨粉品质较好，而天然的磷酸钙往往含较多的氟，对鹌鹑有毒性，需要脱氟后使用。

3. 磷补充饲料

该类饲料多属于磷酸盐类（表5-8）。富含磷的矿物质补充料有磷酸钙类（磷酸氢钙、磷酸二氢钙、磷酸钙）、磷酸钠类（磷酸二氢钠、磷酸氢二钠）、磷矿石、骨粉等，最常用的是磷酸氢钙类和骨粉。磷补充料多为两种以上矿物质元素补充料，如磷酸钙类、骨粉及磷矿石等属于钙磷补充料，磷酸钠类属于磷钠补充料。补充这类饲料时，除注意不同磷源有着不同的利用率（磷生物学效价估计值通常以相当于磷酸氢钙或磷酸氢钠中磷的生物学效价表示）以外，还要考虑原料中有害物质（氟、铝、砷等）是否超标，另外也要注意其他矿物质元素的比例。

（二）微量矿物质元素补充饲料

鹌鹑需要的微量元素包括铁、铜、锌、锰、碘、硒、钴等。以添加剂形式提供的并不是这些元素的单质物，而是含有这些元素的化合物，目前这些化合物有3种方式。

1. 无机盐类

包括硫酸盐类、氧化物类、氯化物类和碳酸盐类等，这些盐类有不少缺陷，如易吸湿结块，影响在饲料中的混合均匀度，对维生素也有一定破坏作用。

2. 有机物

如柠檬酸铁、富马酸铁、碱式氯化铜等。

表 5-8 常量矿物质补充饲料矿物质元素含量

饲料名称	主要元素	钙(%)	磷(%)	磷利用率(%)	钠(%)	氯(%)	钾(%)	镁(%)	硫(%)	铁(%)	锰(%)
碳酸钙	钙	38.42	0.02	—	0.08	0.02	0.08	1.610	0.08	0.06	0.020
碳酸氢钙	钙、磷	29.60	22.77	95~100	0.18	0.47	0.15	0.800	0.80	0.79	0.140
磷酸氢钙	钙、磷	23.29	18.0	95~100	0.2	—	—	0.900	0.80	0.75	0.010
磷酸二氢钙	钙、磷	15.90	24.58	100	—	—	0.16	—	—	—	—
磷酸三钙	钙、磷	38.76	20.0	—	—	—	—	—	—	—	—
石粉、石灰石、方解石等	钙	35.84	0.01	—	0.06	0.02	0.11	2.060	0.04	0.35	0.020
骨粉	钙、磷	29.80	12.50	80~90	0.04	—	—	0.300	2.40	—	0.030
贝壳粉	钙	32~35	—	—	—	—	—	—	—	—	—
蛋壳粉	钙	30~40	0.1~0.4	—	—	—	—	—	—	—	—
磷酸氢二铵	磷	0.35	23.48	100	0.2	—	0.16	0.750	1.50	0.41	0.010
磷酸二氢铵	磷	—	26.93	100	—	—	—	—	—	—	—
磷酸氢二钠	磷、钠	0.09	21.82	100	31.04	—	0.01	0.010	—	—	—
磷酸二氢钠	磷、钠	—	25.81	100	19.17	0.02	—	—	—	0.01	—
碳酸钠	钠	—	—	—	43.30	—	—	0.005	0.20	—	—
氯化钠	钠、氯	0.30	—	—	39.50	59.00	—	11.950	—	—	—
氯化镁	镁	—	—	—	—	—	—	34.000	—	—	—
碳酸镁	镁	0.02	—	—	—	—	—	55.000	0.10	—	0.010
氧化镁	镁	1.69	—	—	—	—	0.02	9.860	13.01	1.06	—
硫酸镁	镁、硫	0.02	—	—	—	0.01	—	0.230	0.32	0.06	0.001
氯化钾	钾、氯	0.05	—	—	1.00	47.56	52.44	0.600	18.40	0.07	0.001
硫酸钾	钾、硫	0.15	—	—	0.09	1.50	44.87	—	—	—	—

3. 微量元素与氨基酸的螯合物

常用微量元素无机化合物及其微量元素含量见表5-9。

表5-9 常用微量元素化合物及其元素含量

元素名称	补充饲料名称	元素含量（%）	相对生物学效价（%）
铁	硫酸亚铁（7水）	20.10	100
	硫酸亚铁（1水）	32.90	100
	碳酸亚铁（1水）	41.70	2
铜	硫酸铜（5水）	25.50	100
	硫酸铜（1水）	35.80	100
	碳酸铜	51.40	41
锌	硫酸锌（5水）	22.75	100
	氧化锌	80.30	92
	碳酸锌	52.15	100
锰	硫酸锰（5水）	22.80	100
	一氧化锰	77.40	90
	碳酸锰	47.80	90
硒	亚硒酸钠	45.60	100
	硒酸钠	41.77	89
碘	碘化钾	76.45	100
	碘酸钙	65.10	100
钴	氯化钴（7水）	25.10	100
	硫酸钴（6水）	21.30	100

目前，因微量元素添加量比较少，单质微量元素长久贮存后容易出现结块等，因此除大型饲料生产企业和大型规模化养殖场采购单体微量元素化合物外，大部分使用市场上销售的"复合微量元素"添加剂产品。因此，一般也将微量矿物质元素补充饲料归类于"添加剂"类饲料原料。

四、饲料添加剂及其营养利用特点

饲料添加剂是指在饲料加工、制作、使用过程中添加的少量或微量物质，在配合饲料中用量虽微（从百分之几到百万分之几），但作用却很大，它能完善饲料营养价值，提高饲料利用率，促进鹌鹑生长和防治疾病，减少饲料在贮存期营养物质损失，提高适口性，增进食欲，改进产品品质等。饲料添加剂的种类繁多，用途各异，目前，国内大多按起作用分为营养性饲料添加剂和非营养性饲料添加剂两大类（图5-1）。

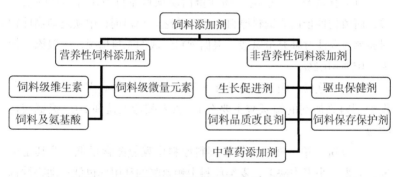

图5-1 饲料添加剂分类

（一）营养性饲料添加剂

营养性添加剂主要是用来补充天然饲料营养（主要是维生素、微量元素、氨基酸）成分的不足，平衡和完善日粮组分，提高饲料利用率，最终提高生产性能，提高产品数量和质量，节省饲料和降低成本。营养性饲料添加剂是最常用而且最重要的一类添加剂，包括氨基酸、维生素和微量元素三大类。

1. 氨基酸添加剂

在动物的必需氨基酸中，若由于一种氨基酸含量不足而导致其他氨基酸的利用率下降时，则称这种氨基酸为限制性氨基酸，赖氨酸、蛋氨酸和色氨酸即为限制性氨基酸。氨基酸之间有互补作用，通过有意识地人为提高某些氨基酸水平后能提高整个饲料中蛋白质的营养价值；氨基酸也有拮抗作用，即由于一种氨基酸含量的增加导致另外一种或几种氨基酸利用率下降。氨基酸的互相作用对氨基酸的需要量以及在体内的利用率有着巨大的影响，在生产应用中要尽量使氨基酸的平衡达到最佳（最佳含量和比例），才能获得最佳效益。所以，通过人为添加氨基酸调整饲料的氨基酸平衡十分重要。

目前，天然蛋白质中的多种氨基酸人工均可合成，但用作饲料级的氨基酸添加剂主要有赖氨酸、蛋氨酸、色氨酸、苏氨酸、甘氨酸和酪氨酸等，尤其是常规饲料中主要以赖氨酸和蛋氨酸为主。

（1）蛋氨酸　一般的动物性蛋白质饲料原料中含有丰富的蛋氨酸，而植物性蛋白质饲料原料中相对缺乏。鹌鹑饲料中缺乏动物性饲料原料时要注意补充蛋氨酸，根据饲料组成的原料情况，一般添加量为0.05%~0.2%。

（2）赖氨酸　赖氨酸为碱性氨基酸，属于动物必需氨基酸。目前作为饲料添加剂的赖氨酸主要有L-赖氨酸盐酸盐和DL-赖氨酸盐酸盐。

除豆饼（粕）外，植物性饲料原料中赖氨酸含量低，尤其是玉米、大麦、小麦中缺乏，麦类原料中赖氨酸的利用率也低；动物性饲料原料中，鱼粉的赖氨酸含量高，肉（骨）粉赖氨酸含量低且利用率也低。精氨酸与赖氨酸之间有拮抗作用，过量的赖氨酸会抵消精氨酸的作用，应注意两者之间的平衡。根据饲料用途及所用原料不同，一般添加L-赖氨酸量为0.05%~0.3%。

（3）色氨酸　作为饲料添加剂的色氨酸有DL-色氨酸和L-色氨酸，均为无色至微黄色晶体，有特异性气味。色氨酸属于第三或第四限制性氨基酸，具有促进γ-球蛋白的产生、抗应激、增强机体免疫力和抗病力等作用。目前，在特殊饲料（仔幼畜禽）中有应用，饲料中添加量一般为0.1%左右。

（4）苏氨酸　作为饲料级添加剂的主要是L-苏氨酸，为无色至微黄色结晶型粉末，有极微弱的特异性气味。在植物性原料为主的低蛋白饲料中添加苏氨酸，有明显的效果。一般饲料中添加量为0.03%左右。

2.维生素添加剂

维生素是动物正常代谢和机能所必需的一大类低分子有机化合物。大多数维生素是某些酶的辅酶（辅基）的组成部分。目前，除大型饲料生产企业、集约化养殖企业和专业的预混料、添加剂生产企业应用单体维生素化合物以外，中小型饲料生产企业和养殖场（户）都是使用复合维生素（也叫复合多维）预混剂作为维生素添加剂。

下面就各种单体维生素化合物的规格要求及使用微生物添加剂应注意的事项作一简单描述。

（1）维生素A 作为饲料添加剂的维生素A合成制品以维生素A乙酸酯和维生素A棕榈酸酯居多。目前，我国生产的维生素A多为粉剂，主要有微粒胶囊和微粒粉剂。维生素A的稳定性与饲料贮藏条件有关，在高温、潮湿及有微量元素和脂肪酸败的情况下，极易被氧化失效。

（2）维生素D 作为饲料添加剂多用维生素D_3。鱼肝油是D_2和D_3的混合物，AD_3制剂也是常用添加形式。维生素D_3的稳定性也与贮藏条件有关，在高温、高湿及有微量元素的情况下，受破坏速度加快。

（3）维生素E 维生素E添加剂多由D-α-生育酚乙酸酯和DL-α-生育酚乙酸酯制成。外观呈淡黄色黏稠液状。商品剂型有粉剂、油剂及水乳剂。维生素E在45℃的温度条件下可保存3~4个月，在配合饲料中可保存6个月。

（4）维生素K 作为饲料添加剂多为维生素K_3制品。剂型有：亚硫酸氢钠甲萘醌（MSB），包括含量94%的高浓度产品和50%的明胶胶囊包被的产品，前者稳定性差，价格低廉，后者稳定性好；亚硫酸氢钠甲萘复合物（MSBC），是一种晶体粉状维生素K添加剂，稳定性好，是目前使用最广泛的维生素K制剂；亚硫酸嘧啶甲萘醌（MPB），是最新产品，含活性成分50%，是稳定性最好的一种维生素K制剂，但具有一定毒性，要限量使用。维生素K在粉状饲料中比较稳定,对潮湿、高温及微量元素的存在较敏感,制粒过程中有损失。

(5)B族维生素和维生素C B族维生素和维生素C添加剂规格要求见表5-10。

表5-10 各种维生素化合物的规格要求

维生素	化合物种类	外观及形状	含量(%)	水溶性
维生素 B_1	烟酸 B_1	白色粉末	98	易溶于水
	硝酸 B_1	白色粉末	98	易溶于水
维生素 B_2	维生素 B_2	橘黄色到褐色细粉	96	很少溶于水
维生素 B_6	维生素 B_6	白色粉末	98	溶于水
维生素 B_{12}	维生素 B_{12}	浅红色到浅黄色粉末	0.1~1.0	溶于水
泛酸	泛酸钙	白色到浅黄色	98	易溶于水
叶酸	叶酸	黄色到橘黄色粉末	97	水溶性差
烟酸	烟酸	白色到浅黄色粉末	99	水溶性差
生物素	生物素	白色到浅褐色粉末	2	溶于水或在水中弥散
胆碱	氯化胆碱	白色到褐色粉末	50/60	部分溶于水
维生素C	维生素C钙	无色结晶,白色到浅黄色粉末	99	溶于水

3. 微量元素添加剂

微量元素添加剂的特性和应用特点已在矿物质饲料原料章节中叙述过,在此不再重复。

(二)非营养性饲料添加剂

非营养性饲料添加剂是添加到饲料中的非营养物质,该类饲料种类繁多,可根据不同生产目的、不同地区选择一种或若干种饲料添加剂添加到配合饲料中,也可以不添加。非营养性饲料添加剂包括:生长促进剂、驱虫保健剂、饲料品质改良剂、饲料保存改善剂和中药添加剂等(图5-1)。

1. 生长促进剂类添加剂

这类添加剂的主要作用是促进畜禽生长,提高增重速度和饲料转化率,增进畜禽健康,预防疾病。包括抗生素类、合成抗菌药物类、酶制剂类和微生态制剂等(图5-2)。

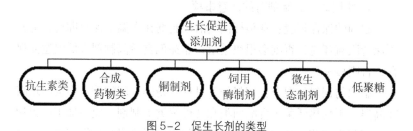

图5-2 促生长剂的类型

(1)抗生素及合成药物添加剂 抗生素类添加剂和合成药类添加剂统称为药物添加剂。鹌鹑饲料中使用最为普遍的是抗生素:杆菌肽、土霉素、杆菌肽锌、金霉素、螺旋霉素等。出于保障畜产品安全的目的,这类添加剂已逐步被限制使用。

(2)微生态饲料添加剂 又叫微生物饲料添加剂、活菌制剂、生菌剂等,是指一种可通过改善肠道菌群平衡而对动物施加有利影响的活微生物制剂。这类添加剂具有无残留、无副作用、不污染环境、不产生耐药性、成本低、使用方便等优点,是近年来出现的一类绿色饲料添加剂。

① 微生态制剂的种类(图5-3)。

② 微生态制剂用于鹌鹑料的主要作用。维持鹌鹑体内正常的微

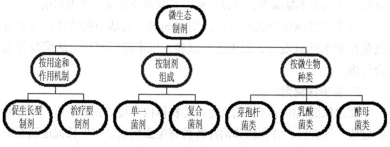

图5-3 微生态制剂的分类

生物区系平衡，抑制、排斥有害病原微生物；提高消化道的吸收功能；参与淀粉酶、蛋白酶以及B族维生素的生成；促进过氧化氢的产生，并阻止肠道内细菌产生胺，减少腐败有毒物质的产生，防止腹泻；有刺激肠道免疫系统细胞、提高局部免疫力及抗病力的作用。

③使用微生态制剂时的注意事项。

制剂的保存环境：芽孢杆菌类活菌制剂在常温下保存即可，但必须保持厌氧环境，否则会很快繁殖；非芽孢类活菌制剂宜低温避光保存，否则极易死亡。

制剂与饲料的混合：饲料加工过程（粉碎、制粒等）中会出现瞬间高温，不耐热活菌（乳酸菌类和酵母菌类）制剂，应在加工后再加入，而芽孢杆菌类和胶囊包被的活菌制剂，因能耐受瞬间高温，可直接混入后加工。另外，饲料混合时，活菌制剂会受到来自饲料原料，尤其是矿物质颗粒的挤压、摩擦，使菌体细胞膜（壁）受损而死亡，故除芽孢杆菌和胶囊包被的活菌制剂外，一般制剂应先用较软的饲料原料（玉米面等）混合后再与其他原料混合。饲料中的微量元素、矿物质元素、维生素等均会发生一系列的"氧化－还原"反应及pH值变化，从而对活菌制剂产生一定的影响，所以活菌制剂混入饲料后最好当天用完。

制剂的含量及保存期：我国规定，芽孢杆菌制剂每克含菌量不少于5亿个。用作治疗时，动物每天用量（以芽孢杆菌为例）为15亿~18亿个；用作饲料添加剂时，一般按配合饲料的0.1%~0.2%添加。若产品中活菌数量不足会影响使用效果。此外，随着保存时间的延长，活菌数不断减少，所以，微生态制剂应在保存期内使用。

慎重与其他添加剂配合：活菌制剂因具有活菌的特性，不能与其他添加剂随意混合，须先进行试验，以不降低制剂的活菌数为混合标准。

2. 驱虫保健剂

驱虫保健剂的主要作用就是维持机体内环境的正常平衡，保证动物健康生长发育，并预防和治疗各种寄生虫疾病。在生长促进剂类添加剂中，部分抗生素、合成抗生素以及生菌剂类，除具有促进动物生长的效果外,还具有防止动物疾病的功能,因而驱虫保健剂与生长促进剂之间在某些方面没有截然的界限,这就是添加剂多能化作用的体现。

(1)驱虫保健剂的分类 包括驱蠕虫剂和抗球虫剂两类。

(2)驱蠕虫剂 蠕虫是一些多细胞寄生虫,其大小、形状、结构以及生理上都很不相同,主要有线虫、吸虫、绦虫等。大多数蠕虫通过虫体寄生在宿主体内夺取营养,而且幼虫在移行期还能引起广泛的组织损伤和释放蠕虫毒素对机体造成危害,使生长速度和生产性能下降,严重影响鹌鹑的健康和生产。某些蠕虫病还能危害人类健康。常用的驱蠕虫剂噻苯咪唑、甲苯咪唑、伊维菌素、氯硝柳胺、溴酚磷等。

(3)抗球虫剂 抗球虫药种类繁多,理想的抗球虫药应该是"广谱、高效、低毒、低残留",不影响鹌鹑对球虫产生免疫力,性能稳定,便于贮藏,适口性好,价格低廉。常用的抗球虫药有:氨丙啉、球虫灵、土霉素、球痢灵、金霉素等,此类药物应严格按说明书使用。

3.饲料品质改良剂

这类饲料添加剂是为了改善饲料气味、口味、色泽、形状等,增强畜禽食欲,促进消化吸收,提高饲料利用率和生产水平。这类添加剂主要有着色剂、调味剂、黏结剂、稳定剂、乳化剂、胶化剂、防结块剂等。

第二节 鹌鹑的营养需要

一、鹌鹑的饲养标准

饲养标准,也即营养需要量,是通过长期研究、反复试验,给不同畜种、不同品种、不同生理状态、不同生产目的和不同生产水平的家畜，科学地规定出应该供给的能量及其他各种营养物质的数量和比例，这种按家畜不同情况规定的营养指标，便称为饲养标准。饲料标准中规定了能量、粗蛋白、氨基酸、粗纤维、粗灰分、矿物质、维生素等营养指标的需要量，通常以每千克饲粮的含量和百分比数来表示。鹌鹑饲养标准是设计鹌鹑饲料配方的重要依据。目前，鹌鹑的营养需要量各国不一，是由于各国的试验材料和测定方法不同所致，我国目前有关鹌鹑的饲养标准尚处于摸索阶段，没有统一的饲养标准。这里主要介绍美国NRC第八版的日本鹌鹑和白尾鹌鹑的营养需要（表5-11和表5-12）。

表5-11 日本鹌鹑的营养需要

项目	开食和生长阶段	种鹌鹑
（千焦代谢能/千克饲粮）	12552	12552
蛋白质（%）	24.0	20.0
精氨酸（%）	1.25	1.26
甘氨酸+丝氨酸（%）	1.20	1.17
组氨酸（%）	0.36	0.42
异亮氨酸（%）	0.98	0.90
亮氨酸（%）	1.69	1.42
赖氨酸（%）	1.30	1.15
蛋氨酸+胱氨酸（%）	0.75	0.76
蛋氨酸（%）	0.5	0.45
苯丙氨酸+酪氨酸（%）	1.8	1.40
苯丙氨酸（%）	0.96	0.78
苏氨酸（%）	1.02	0.74
色氨酸（%）	0.22	0.19
缬氨酸（%）	0.95	0.92
亚油酸（%）	1.0	1.0
钙（%）	0.8	2.5
有效磷（%）	0.45	0.55
钾（%）	0.4	0.4
镁（毫克）	300	500
钠（%）	0.15	0.15

续表

项目	开食和生长阶段	种鹌鹑
氯（%）	0.20	0.15
锰（毫克）	90	70
锌（毫克）	25	50
铁（毫克）	100	60
铜（毫克）	6	6
碘（毫克）	0.3	0.3
硒（毫克）	0.2	0.2
维生素A（国际单位）	5000	5000
维生素D（国际单位）	1200	1200
维生素E（国际单位）	12	25
维生素K（毫克）	1	1
核黄素（毫克）	4	4
泛酸（毫克）	10	15
烟酸（毫克）	40	20
维生素B_{12}（毫克）	0.003	0.003
胆碱（毫克）	2000	1500
生物素（毫克）	0.3	0.15
叶酸（毫克）	1	1
硫胺素（毫克）	2	2
吡哆醇（毫克）	3	3

表5-12 白尾鹌鹑的营养需要

项目	开食阶段	生长阶段	种鹌鹑
（千焦代谢能/千克饲粮）	11715	11715	11715
蛋白质（%）	28.0	20.0	24.0
甘氨酸+丝氨酸（%）	0.7	0.58	0.5
赖氨酸（%）	0.85	0.6	0.64
蛋氨酸+胱氨酸（%）	0.6	0.5	0.55
亚油酸（%）	1.0	1.0	1.0
钙（%）	0.65	0.65	2.3
有效磷（%）	0.55	0.45	0.50
钠（%）	0.15	0.15	0.15

续表

项目	开食阶段	生长阶段	种鹌鹑
氯（%）	0.11	0.11	0.11
碘（毫克）	0.30	0.30	0.30
核黄素（毫克）	3.8	1.8	4.0
泛酸（毫克）	13.0	10.0	15.0
烟酸（毫克）	30.0	11.0	20.0
胆碱（毫克）	1500	900.0	1000

二、使用饲养标准应注意的问题

1. 因地制宜，灵活运用

任何饲养标准所规定的营养指标及其需要量只是个参考，实际生产中要根据鹌鹑的具体情况（品种、管理水平、设施状态、生产水平、饲料原料资源等）灵活应用。

2. 实践检验，及时调整

应用饲养标准时，必须通过实践检验，利用实际运用效果及时进行适当调整。

3. 随时完善和充实

饲养标准本身并非永恒不变的，需要随生产实践中不断检验、科学研究的深入和生产水平的提高来进行不断修订、充实和完善。

第三节 鹌鹑饲料配方设计及生产技术

随着规模化生产的发展，配合饲料的使用越来越普遍。所谓配合饲料，是指根据鹌鹑的营养需要，选择适宜的饲料原料，设计合理的饲料配方，配制加工成满足鹌鹑需要的混合饲料。鹌鹑配合饲料生产主要包括饲料配方设计和配制加工两个步骤。

一、鹌鹑饲料配方设计

(一)配方设计原理

配方设计就是根据鹌鹑营养需要特点、饲料营养成分及特性,选择适当的饲料原料,并确定适宜的比例和数量,为鹌鹑提供营养全面而平衡、价格低廉的配合饲料,在保证鹌鹑健康的前提下,使鹌鹑充分发挥其生产性能,获得最大的养殖经济效益。

设计饲料配方时,首先要掌握鹌鹑的营养需要和采食量(饲养标准)、饲料原料的营养成分及营养价值、饲料的非营养特性(适口性、毒性、抗营养性、来源渠道、市场价格)等,同时还应通过鹌鹑生产实践的检验。

(二)设计配方的基本要求

设计配方不仅要满足鹌鹑的营养需要和采食特点,而且要适应本地区饲料原料资源情况,成本最优、效益最好。一个好的饲料配方应符合以下要求。

1. 营养丰富而且平衡

一个好的饲料配方,其中的营养成分及含量要能充分满足鹌鹑生产、生长需要,各营养元素间搭配比例要合理,营养平衡,以免造成某种营养的浪费。

2. 便于采食且易于消化

设计配方时选用的原料及配制好的饲料,应符合鹌鹑采食和消化生理特点,适口性好,喜食,而且消化率要高。

3. 充分利用本地饲料资源

根据当地饲料资源情况设计配方,充分利用本地饲料原料资源,降低运输费用,降低饲料成本。

4. 设计饲料配方的必需资料

进行饲料配方设计时,必须首先具有以下几方面的资料,才能进行数学计算。

① 使用对象及营养需要量和饲养标准。
② 饲料原料种类、营养和价格。
③ 掌握普通原料的大致比例。

不同原料在饲粮中的比例，不仅取决于原料本身的营养成分和含量、营养特性及非营养特性，而且取决于各种配伍的原料情况。根据鹌鹑养殖生产实践，常用原料的大致比例见表5-13。

表5-13 鹌鹑饲粮中一般原料用量的大致比例及注意事项

原料类型	常用种类	大致比例	注意事项
能量饲料	玉米、大麦、小麦等谷物籽实及小麦麸等糠麸类	30%~50%	多搭配使用
植物性蛋白质饲料	豆饼、菜籽饼、花生粕等	20%~30%	花生饼没霉变
动物性蛋白质饲料	鱼粉、肉骨粉、血粉、羽毛粉等	5%~20%	不能使用劣质及变质原料
钙、磷饲料	骨粉、磷酸氢钙、石粉、贝壳粉	1%~3%	骨粉没变质
添加剂	微量元素、维生素、药物添加剂等	0.5%~1.5%	严禁使用国家明令禁止的违禁药物
限制性饲料	棉籽饼、菜籽饼等有毒有害饼粕	<5%	

5. 饲料配方设计原则

要遵循选择与饲养对象相适应的饲养标准；选用适宜的饲料原料；注意成本控制等原则。

6. 饲料配方设计方法

饲料配方设计方法很多，它是随着人们对饲料、营养知识的深入，对新技术的掌握而逐渐发展的。最初采用的有简单、易理解的对角线法、试差法，后来发展为联立方程法、比加法等。近年来，随着计算机技术的发展，人们开发了功能越来越完全、使用越来越简单、速度越来越快的计算机专用配方软件，使得配方越来越合理。所以，目前的饲料配方设计可以通过计算机计算来实现，也可以通过手工计算实现。

（1）计算机法　饲料配方设计计算机法是通过在计算机上运行饲料配方软件来实现配方设计。其原理是根据线性规划，在规定多种条件的基础上，筛选出最低成本的饲粮配方，它可以同时考虑几十种营养指标。特点是：运算速度快，精确度高。目前市场上有许多畜禽饲料配方软件供选择，用于饲料生产。各软件都有自己的特点和使用方法，在此不再一一叙述。

（2）手工计算法　饲料配方的手工计算法有对角线法、试差法、联立方程式法，其中试差法目前采用最为普遍。

① 试差法介绍。试差法又称凑数法，是目前鹌鹑普遍采用的方法之一。其具体方法如下。

首先根据经验拟定一个大致的饲料配方，初步确定各种原料的大致比例；然后用各自的比例乘以该原料的各种营养成分的含量；再将各种原料的同种营养成分之积相加，即得到该配方每种营养成分的总量。将所得结果与饲养标准进行对照，若有任一营养成分超出或不足，可通过减少或增加相应的原料比例进行调整和重新计算，直到所有营养成分基本满足要求为止（图5-4）。

图5-4　试差法计算饲料配方操作流程

试差法考虑的营养指标有限，计算量大，盲目性大，不易筛选出最佳配方，不能完全兼顾成本。但由于简单易学，因此应用广泛。

② 举例说明。以原料为玉米、豆饼、菜籽饼、麸皮、鱼粉、骨粉、贝壳粉，用试差法设计产蛋鹌鹑的饲料配方。

第一步：从饲养标准中查出产蛋鹌鹑的营养需要量（表5-14）。

表5-14 产蛋鹌鹑营养需要

代谢能(千焦/千克)	粗蛋白质(%)	钙(%)	有效磷(%)	食盐(%)
11715	24	2.3	0.5	0.37

第二步：从饲料营养成分表上查出原料各营养成分的含量（表5-15）。

表5-15 所选原料营养成分

饲料名称	代谢能(兆焦/千克)	粗蛋白质(%)	钙(%)	有效磷(%)
玉米	14.06	8.6	0.04	0.06
豆饼	11.05	43	0.32	0.15
进口鱼粉	12.13	62	3.91	2.90
菜籽饼	8.45	36.4	0.73	0.29
麸皮	6.57	14.4	0.18	0.23
骨粉			36.4	16.4
贝壳粉			33.4	0.14

第三步：先按代谢能和粗蛋白质的需要量试配（表5-16）。

表5-16 按代谢能和粗蛋白质的需要量试配结果

原料名称	配合率(%)	代谢能(兆焦)	粗蛋白质(%)
玉米	51	14.06×0.51=7.1706	8.6×0.51=4.386
豆饼	29	11.05×0.29=3.2045	43×0.29=12.47
进口鱼粉	8	12.13×0.08=0.9704	62×0.08=4.96
菜籽饼	4	8.45×0.04=0.338	36.4×0.04=1.456
麸皮	2	6.57×0.02=0.1314	14.4×0.02=0.288
合计	94	11.8149	23.848

第四步：调整上述试配的配合率，以便接近饲养标准。

与饲养标准相比，粗蛋白质低（24-23.848）0.152%，代谢能高（11.8149-11.715）0.0999兆焦/千克，因此调整时应降低含代谢能高的原料的配合率，提高含粗蛋白质高的原料的配合率。如果用豆饼换玉米,每换1%代谢能降低(0.1406-0.1105)0.0301兆焦/千克,粗蛋白质提高(0.43-0.086)0.344%。因此可用1.5%豆饼代替1.5%玉米,把粗蛋白质和代谢能调整到与饲养标准基本相同的水平(表5-17)。

表5-17 初次调整后的配合率

原料名称	配合率(%)	代谢能(兆焦)	粗蛋白质(%)	钙(%)	有效磷(%)
玉米	49.5	14.06×0.495=6.9597	8.6×0.495=4.257	0.04×0.195=0.198	0.06×0.495=0.0297
豆饼	30.5	11.05×0.305=3.3705	43×0.305=13.115	0.32×0.305=0.0976	0.15×0.305=0.04575
进口鱼粉	8	12.13×0.08=0.9704	62×0.08=4.96	3.91×0.08=0.3128	2.9×0.08=0.232
菜籽饼	4	8.45×0.04=0.338	36.4×0.04=1.456	0.73×0.04=0.0292	0.29×0.04=0.0116
麸皮	2	6.57×0.02=0.1314	14.4×0.02=0.288	0.18×0.02=0.0036	0.23×0.02=0.0046
盐	0.135				
合计	94.135	11.76975	24.076	0.463	0.3265

第五步:用骨粉和贝壳粉调整钙、磷的需要量。与饲养标准相比,磷的含量低(0.5-0.32365)0.17635%,每增加1%的骨粉,可使磷的含量提高0.164%,因此可加(0.17635÷0.164)1.1%的骨粉,与此同时钙的含量增加了0.4004%。这时与饲养标准相比,钙的含量低(2.3-0.4004-0.463)1.4366%,用贝壳粉来补充,则需要(1.4366÷0.334)4.3%的贝壳粉。

第六步:计算全面调整后各营养成分的含量(表5-18)。

表5-18 产蛋鹌鹑饲料配方

饲料名称	配合率(%)	代谢能(兆焦)	粗蛋白质(%)	钙(%)	有效磷(%)
玉米	49.5	6.9597	4.257	0.198	0.0297
豆饼	30.5	3.37025	13.115	0.0976	0.04575
进口鱼粉	8	0.9704	4.96	0.3128	0.232
菜籽饼	4	0.338	1.456	0.0292	0.0116
麸皮	2	0.1314	0.288	0.0036	0.0046
盐	0.135				
骨粉	1.1			0.4006	0.1804
贝壳粉	4.3			1.4362	0.00602
合计	99.5355	11.720	24.076	2.2996	0.51007

第七步：与饲养标准对照，4种主要营养成分含量均在相应的水平线上，至此，配方设计完成。

二、鹌鹑饲料配方集锦

饲料配方设计要科学、合理，更重要的是要实用。要根据不同品种、不同用途、不同生理阶段，利用当地饲料原料资源特点来设计或选择适宜的配方。在此收集了部分鹌鹑饲料配方供读者参考与借鉴。

（一）雏鹑饲料配方

① 玉米46%，豆饼28%，鱼粉11.5%，麸皮12%，骨粉1%，磷酸氢钙1.5%。

② 玉米25%，大麦粉10%，鱼粉10%，豆粉30%，米糠2.5%，麦麸2.5%，骨肉粉12.5%，酵母粉2%，维生素添加剂3%，食盐0.5%，细沙2%。

③ 玉米54%，豆饼25%，鱼粉15%，麸皮3.5%，骨粉1.5%，草粉1%。

④ 玉米52%，豆饼27%，鱼粉10%，麸皮5%，骨粉1%，草粉5%。

⑤ 玉米20%，豆饼20%，鱼粉20%，骨粉5%，米糠15%，青菜20%。

⑥ 玉米56%，熟豆饼面25%，鱼粉15%，麸皮3%，槐叶粉0.5%，多种维生素0.5%。

⑦ 玉米40%，熟豆饼32%，脱水苜蓿粉3%，小麦10%，鱼粉8%，肉粉6%，碳酸钙0.5%，食盐0.5%。

⑧ 玉米20%，鱼粉30%，骨粉5%，米糠25%，青菜20%。

（二）产蛋鹌鹑饲料配方

① 玉米48.7%，豆饼24%，鱼粉11%，麸皮10.5%，骨粉2%，贝壳粉3.8%。

②玉米50.5%，豆饼22%，鱼粉14%，麸皮3.5%，骨粉2%，石粉3.8%，叶粉4.2%。

③玉米42%，豆饼33%，鱼粉10%，麸皮3%，骨粉1%，草粉5%，贝壳粉6%。

④玉米40%，豆饼粉30%，鱼粉18%，麸皮5%，叶粉4%，添加剂3%。

⑤玉米50%，豆饼20%，鱼粉17%，麸皮8%，骨粉4%，石粉1%，黄沙适量，每50千克饲料加禽用维生素7.5~10克。

⑥玉米42%，豆饼33%，鱼粉10%，麸皮3%，干草粉5%，贝壳粉6%，骨粉1%。

⑦玉米15%，豆饼22%，菜籽饼8%，鱼粉11%，麸皮15%，米糠9%，碎米12%，贝壳粉5%，矿补剂3%。

⑧玉米20%，豆饼23%，菜籽饼3%，鱼粉4%，麸皮10%，蚕蛹9%，骨粉1%，贝壳粉5%，鸡用矿补剂1%，四号粉24%。

⑨玉米24%，豆饼25%，大麦10%，米糠10%，菜籽饼5%，鱼粉10%，麸皮10%，骨粉1%，贝壳粉5%，多维素适量。

⑩玉米面25%，大麦粉10%，大豆饼10%，绿豆粉5.5%，米糠5%，麦麸5%，细沙1%，骨肉粉27.5%，酵母粉3%，维生素添加剂2.5%，石膏粉5%，食盐0.5%。

⑪玉米42%，豆饼10%，棉饼粉5%，刺槐叶粉2%，麸皮5%，大麦粉3%，小麦15%，骨粉3%，鱼粉5%，玉米胚芽10%。

⑫1）玉米52.89%，大豆油粕27%，白色鱼粉9%，动物性油脂4.1%，碳酸钙5.4%，碳酸氢钙1.1%，蛋氨酸0.06%，食盐0.25%，3号维生素添加剂0.1%，3号矿物质添加剂0.1%。

2）玉米48.93%，高粱10%，大豆油粕18%，白色鱼粉9%，鱼浸膏2%，苜蓿粉2%，麦麸3%，碳酸钙5.4%，磷酸氢钙1.1%，蛋氨酸0.12%，食盐0.25%，3号维生素添加剂0.1%，3号矿物质添加剂0.1%。

3）玉米44.65%，高粱10%，大豆油粕20.5%，白色鱼粉9%，麸皮9%，碳酸钙5.3%，磷酸氢钙1%，蛋氨酸0.1%，食盐0.25%，

3号维生素添加剂0.1%,3号矿物质添加剂0.1%。

4)玉米44.9%,高粱10%,大豆油粕27%,白色鱼粉10%,动物性油脂0.8%,碳酸钙5.4%,碳酸氢钙1.4%,蛋氨酸0.05%,食盐0.25%,3号维生素添加剂0.1%,3号矿物质添加剂0.1%。

⑬玉米粉11%,大豆粕33%,高粱粉30%,鱼粉10%,肉骨渣4%,动物脂2.5%,酿酒酵母2%,干乳精2%,苜蓿粉3%,磷酸钙0.5%,石灰粉1.5%,食盐0.3%,硫酸锰(75%)0.03%,添加剂0.17%。

⑭玉米30%,米糠20%,鱼粉30%,麸皮12%,苜蓿粉3%,贝壳粉4.5%,食盐0.5%。

⑮玉米50%,熟豆饼25%,脱水苜蓿粉3%,小麦10%,鱼粉4%,肉粉4%,碳酸钙3.5%,食盐0.5%。

(三)商品肉用鹌鹑饲料配方

1. 0~2周龄配方

玉米48%,豆粕38%,麸皮2.1%,鱼粉10%,骨粉1.5%,赖氨酸0.2%,食盐0.2%。

2. 3~5周龄配方

玉米53.1%,豆粕35%,麸皮2.5%,鱼粉8%,骨粉0.8%,石粉0.3%,赖氨酸0.1%,食盐0.2%。

第六章

鹌鹑的人工孵化

鹌鹑是卵生动物,其繁殖方法与鸡相同,即胚胎期是在母体外通过孵化完成的,野生鹌鹑在繁殖季节里,一般产7~12枚蛋便自己抱卵孵化。经驯化改良后的家养鹌鹑产蛋性能很高,但已失去抱窝习性。因此,除选用体型小、抱窝性强的母鸡代孵或鸽子代孵外,一般均采用人工孵化。

第一节 鹌鹑的人工孵化方法

人工孵化是鹌鹑生产的一个重要环节,人工孵化就是掌握适当的孵化条件,为鹌鹑的胚胎发育创造良好的环境,使其很好的发育。但胚胎发育的好坏、孵化率的高低除受孵化条件的影响外,还受种蛋的质量、胚胎本身的生命力等多方面影响,因此只有解决好这些问题才能提高孵化率。人工孵化的方法很多,有热水缸孵化法、电热毯孵化法、煤油灯孵化法、炕孵化法、孵化机孵化法等。

一、热水缸孵化法

用口径一致的水缸、铝盘各1只和保温用的棉被等进行孵化。将种蛋每30~40个一起放入1小网袋,然后放入铝盘内,在水缸外周用棉絮等包紧保温,内放入50~70℃的温水,水量以不会接触放入的铝盘底为准。将盘放在水缸上,再盖上棉被,开始入孵时缸内温度可略高些，同时盘内边上蛋与中间蛋温差较大，要多进行几次翻蛋，使蛋温基本一致后每4~6小时翻蛋1次。缸内的水一般每天换1~2次，每次只换一部分水，孵化时可在铝盘内放一支温度计以便掌握温度变化。

二、电热毯孵化法

在电热毯的下面先铺一层棉絮，毯上再盖一层棉毯，上面再平放数根3~5厘米见方的方木棍，将蛋盘放在方木上，可叠放2~3层，上盖棉被，然后再通电加温，入孵后10~12小时，每隔30分钟检查1次温度，以后可通过电热毯的开、关、翻蛋、凉蛋，盖被的厚薄等控制温度。每天翻蛋5~6次。

三、煤油灯孵化法

孵化箱用四根木柱固定在地面，箱四周是用三夹板或五夹板中间有保温夹层（内填入棉花、木屑、塑料泡沫板等保温材料）的侧壁。箱顶用棉被等盖上保温，箱底铺上10~15厘米厚的谷壳或木屑等。箱体大小为：高1米，宽1米，长1.8米。箱体前面留2扇门（35厘米×40厘米），距地面20厘米，作为取雏用。箱内横放4根横杆用于放蛋盘。箱的两侧各有2条交叉并倾斜约15°、直径约5厘米的白铁皮管做成的烟道热管。煤油灯点燃放在热管下口处，使火焰抽入管内。孵化温度可通过调节煤油灯火焰、顶盖棉被的厚薄、箱内加热水盘、翻蛋、凉蛋、通风等方法进行调节。湿度可通过增减箱内水盘面积、在烟管上搭湿毛巾等调节。

四、炕孵化法

是适应于北方地区的一种孵化法，做一土坯火炕，然后在炕床上进行孵化，方法基本上和电热毯法相似。

五、机器孵化法

是目前生产实践中常用的孵化方法，只要掌握适当的孵化条件，就能为鹌鹑的胚胎发育创造良好的条件，使其很好的发育。

第二节　孵化机的构造与性能

一、孵化器的构造

孵化器有各种规格形式，根据孵化器的大小不同，一次可分别孵化种蛋100至几万枚不等，孵化器上部有蛋盘，下部有出雏盘，在孵化机的两侧分别有四组电炉丝，用以提供热源。蛋盘全部插入孵化器上部的蛋盘架内，盘架与蛋盘上有卡子，以免蛋盘架转动时盘子摇动、脱落。两侧边上有电风扇，由电动机带动，当孵化机开动时，电扇就转动，使孵化器内空气流动，并保持温度均匀，孵化器内装有水银导电表，以控制所需温度。孵化器的两侧还设有能开闭的入气孔，上部设有排气孔，只要调节入气孔与排气孔的大小，就可以进行适当的通风换气，蛋盘与出雏盘之间放置两个镀锌板制的水盘，利用蒸发的水分调节箱内的相对湿度，正面的控制盘内还装有翻蛋装置，可以自动或手动翻蛋。目前，市场上已有不同规格型号的大、中、小型智能化孵化器，养殖场可根据实际需求进行选择。孵化器构造见图6-1。

图6-1　孵化器

二、孵化器应具备的性能

(一)材料

要求质地坚实、轻便、绝缘良好、耐用、耐高温高湿、耐腐蚀。木材制作的,要求木材经一定的处理,不致变形,钢材做的,要求钢材要经防锈处理,元件质量应符合标准。

(二)结构

要求结构简单,布局合理,部件能通用化,操作简单安全,维修方便,经济耐用,内壁颜色为白色,外壁色彩要柔和。

(三)性能

总体要求:精确、灵敏、安全、稳定、使用方便,具体要求如下。

1. 自动控制与调节温度

对温度能进行自动控制与调节,温差要小,要设有自动报警系统,以便有异常情况发生时能及时采取补救办法。

2. 自动调节通风量

能根据需要自动调节通风量,使孵化时保持孵化器内空气清新,分速正常。一般强制通风时的空气流量应达到 0.5 米^3/秒。要确保处理过的空气通过风扇叶片引导到孵化机各部分,并自侧面从每一层蛋盘之间穿过,使种蛋四周的空气有最大的运动量,以提供新鲜足够的氧气。

3. 自动定时翻蛋

能自动定时翻蛋和手动反转一定的角度,转动时要求安全、平稳,减少孵蛋的破裂和胚胎受到震动而增加死胎率。

4. 孵化盘和出雏盘要设计合理

孵化盘和出雏盘(图 6-2 和图 6-3)一般由木料和金属制成。孵化盘要求间距均匀、大小合适,出雏盘要求侧面要用铁丝网或纱窗布堵住空隙，以免雏鹑从空隙钻出来被挤压死亡。

图6-2 孵化机蛋盘

图6-3 孵化机出雏筐

5. 卫生与清扫

先进的机器设备应配置有吸尘器，以便能吸除空气中的雏鹑绒毛、尘屑等，有利于操作人员的健康。为了能彻底清理出雏机内的孵化残物，便于清洗消毒，孵化机内部的装配件应能全部拆卸，电器线要采用插入式紧锁座。

6. 其他

控制盘应放在人手易操作的地方，电器布线要分成不同的颜色与编号，以便辨认和维修。

第三节　孵化机的使用

使用孵化机一般要遵循以下原则。

1. 孵化机应放在合适的位置

孵化机应放置在平整的地面上，最好是水泥地面，同时要防止日光直射机体。

2. 操作方法要得当

遵照孵化机的说明书操作，而且要参考以往的实践经验。

3. 使用前详细检查各种机件

使用前详细检查机内外的各种机件、零件和附件有无短缺、损坏和松动，装置有无错误和失灵，各种零配件要备足，以便及时维修。

4. 校正水银导电表和干湿温度计的度数

用标准水银温度计校正好水银导电表和干湿温度计的度数，湿度计的水盂内要保持有清水，最好是蒸馏水，纱布要始终保持湿润，变质发黏时要及时更换。

5. 入孵前要试温

正式入孵前要试温运转2天，各方面都正常时方可入孵。

6. 调节好湿度

湿度一般多采用水盘加水来调节，也可采用自动喷水气或水雾来调节。

7. 上蛋时鹌蛋要大头朝上小头向下

上蛋时要将鹌蛋的大头朝上小头朝下摆放（图6-4），往孵化架上放孵化盘时，上下左右要放均匀，以保持平衡。

8. 落盘时要小心轻放鹌蛋

落盘时用手将鹌蛋一一放置到出雏盘内。

9. 孵化完毕及时清理废弃物

出雏完毕后要及时清扫绒毛、蛋壳等废弃物，清洗消毒出雏箱、出雏盘和水盘。

图6-4 鹌蛋大头朝上放置

10. 平时要对孵化机进行保养

11. 做好停电应急准备

为预防停电，最好有两条外来线路或自备发电设备。

第四节　孵化前的准备与种卵的选择

一、孵化前的准备工作

（一）检查孵化机

使用前详细检查机内外的各种机件、零件和附件有无短缺、损坏和松动，装置是否正确、灵敏，各种零配件要备足，检查、校正温度计、湿度计及报警装置。

（二）试温

入孵前需进行试温工作，先将孵化器调到所需温度，然后让机器运转 1~2 天，如温度稳定，调节器也灵敏，各方面都正常，方可入孵。

（三）孵化室消毒

入孵前，要对孵化室进行全面消毒。消毒方法可用过氧乙酸熏蒸消毒，即把孵化室内门窗关好，按每立方米容积纯过氧乙酸 1 克的比例，加热使其成为蒸气，熏蒸 20 分钟即可。

二、种卵的选择

种卵的质量直接影响孵化效率，要想孵出健康优良的雏鹌，必须做好种卵的选择。选择种蛋时需要注意以下几个方面。

（一）种蛋来源

种蛋要来自非疫区、血缘清楚、遗传性状稳定、健康而高产、品种可靠的优良鹌鹑群。

（二）种鹑的年龄

以开产后 4~8 个月内的种蛋为最佳。此日龄内的种鹑所产种蛋的胚胎生命力强，孵出雏鹑的体质健康，种鹑的年龄过大或过小，都会影响种蛋胚胎的生命力。

（三）新鲜程度

种蛋的保存时间不能太长，种蛋保存的时间愈短，胚胎的生命力愈强，孵化率也愈高，一般采用 5 日龄以内的新鲜种卵，最多不能超过 10 天。种蛋的保存温度要合适，以 10~15℃为宜，种蛋贮存时也不能乱放，要钝端向上放在种卵箱内。

（四）蛋形、大小

种蛋要求大小适中，形状正常，呈纺锤形或卵圆形，过大、过小、过长、过圆、凹腰、两头尖等畸形蛋都不宜用来孵化。一般选长径 3.5 厘米、横径 2.5 厘米，横径为长径的 77% 的种蛋。蛋用鹌鹑种蛋重量以 10~13 克为宜，肉用鹌鹑种蛋以 16~17 克为宜。过大过小、蛋壳过薄、蛋壳为白色或茶褐色的都不宜做种卵。

（五）蛋壳厚薄

种蛋的蛋壳厚薄要适度，蛋壳结构要致密、均匀、坚实。蛋壳颜色必须符合品种特征，蛋壳表面以呈大理石块斑或斑点状的为好，蛋壳过薄、呈白色或茶褐色以及有破损的都不能留作种蛋。

（六）蛋壳清洁

种蛋蛋壳要求表面干净，不能有污点附着，如发现蛋壳较脏，可用干布或砂纸擦抹干净，消毒后再孵化，切忌不能用湿布擦抹。

第五节 种蛋的消毒与保存

一、种蛋的消毒方法

种蛋入孵前要进行消毒。消毒方法有高锰酸钾溶液浸泡消毒法、新洁尔灭溶液浸泡消毒法、碘溶液消毒法和福尔马林(甲醛)熏蒸消毒法。

(一)高锰酸钾溶液浸泡消毒法

将高锰酸钾配成0.01%~0.05%的水溶液(在100千克水里加入10~50克高锰酸钾,充分搅拌,待完全溶解后呈浅紫红色)置于大盆内,将种蛋放入盆内浸泡2~3分钟(水温保持在40℃左右),并洗去污物,取出晾干即可。

(二)新洁尔灭溶液浸泡消毒法

用0.2%的新洁尔灭温水溶液(水温保持在40℃)浸泡种蛋1~2分钟,捞出沥干。使用新洁尔灭,切忌将高锰酸钾、肥皂、碘、升汞和碱等物质渗入,以免药液失效。

(三)碘溶液消毒法

将种蛋放在温度40℃、浓度0.1%的碘溶液(在1千克水中加入10克碘片和15克碘化钾,使之完全溶解,然后倒入9千克清水中,搅拌均匀)内,浸泡约1分钟,洗去污物,也可杀死蛋壳上的杂菌和白痢杆菌。

(四)福尔马林(甲醛)熏蒸消毒

在密封空间里,按每立方米容积用福尔马林(含40%的甲醛)

30毫升、高锰酸钾15克的量准备药物。将称量好的高锰酸钾预先放在一个瓷容器内（不能用金属容器，以免腐蚀），容器大小应为福尔马林用量的10倍以上，然后按用量加入福尔马林，两种药物混合后即挥发出甲醛气体，密闭熏蒸20~30分钟。消毒完毕后，打开窗户通风换气，让甲醛气体彻底消散。

二、种蛋的保存

种蛋应贮藏在干净、整洁、通风适当、阴凉、光线柔和的房间里。贮藏前应对贮藏室熏蒸消毒。种蛋贮藏时，应将蛋的大头朝上放置。

（一）保存温度

保存种蛋的适宜温度为15~18℃。

（二）保存湿度

贮藏室内空气相对湿度以70%~75%为宜。

（三）保存时间

贮存时间超过7~10天，温度以15℃为宜；贮藏时间1~2周，以12℃为宜；贮藏时间2周以上，以10℃为宜。但一般要求种蛋保存时间为5~7天，最多不要超过10天，否则，影响孵化效率。

三、种蛋的运输

运输种蛋时，种蛋要用小纸盒盛放，每盒装24个，用纸板隔开，运输时将小纸盒装入大纸箱中，每个大纸箱均应装满，不要留移动的空间，用打包带固定。亦可采用散装的方式，在纸箱内以锯末等物作缓冲材料，一层层地放置种蛋，车速要慢，尤其是转弯时，以免造成破损，装卸时应轻取轻放。

第六节 孵 化

一、消毒

入孵开始后,要对孵化器及孵化用具进行消毒。生产实践中常用的方法有福尔马林蒸气消毒法和过氧乙酸熏蒸消毒法。

(一)福尔马林蒸气消毒法

用立体孵化器孵化,上蛋后开动机器,当温度升到25~27℃时停机,把出雏盘、照蛋器等孵化用具都放入孵化器内,用福尔马林蒸气消毒。每立方米容积用高锰酸钾15克,福尔马林30毫升,密闭孵化器,并开动电扇20~30分钟,使产生的福尔马林气体在孵化器内均匀分布,可达到消毒的目的。

(二)过氧乙酸熏蒸消毒法

每立方米容积放纯过氧乙酸1克,加热使其成为蒸气,熏蒸20分钟,此方法比福尔马林蒸气消毒更经济,效果也不错。

二、孵化的条件

(一)温度

温度是孵化鹌鹑的重要条件,适宜的温度才能保证鹌鹑胚胎的正常物质代谢和生长发育。孵化室的适宜温度应保持在20~24℃,平面孵化器内的适宜温度为38℃,立体孵化器内的适宜温度为37.8℃。孵化器内的温度不是绝对不变的,它取决于孵化的设备、鹑蛋的品种、胚胎的发育情况等。孵化室内的温度与孵化器内的温度一般相差15℃左右为宜,这样有利于孵化器内通风换气。前期(1~6天)温度为38℃，中期（7~14天）温度为37.8℃，后期（15~17天）为37.7℃。

（二）湿度

湿度也是孵化的重要条件之一，它对胚胎的发育也影响很大。湿度过高，蛋内水分不能正常蒸发，阻碍胚胎发育，孵出的雏鹌大肚脐、无精神、活力差；如果湿度过低，蛋内水分蒸发过多，胚胎与胎膜粘连，影响胚胎正常发育和出壳，孵出的雏鹌身体干瘦、毛短。孵化需要的湿度一般保持在50%~70%为宜。一般情况下，孵化前期相对湿度要求60%，中期为50%，后期落盘后为65%~70%。孵化器内保持湿度的方法是在孵化器的底部放两个水盘，经常加水，利用水盘蒸发出来的水分调节孵化器内的相对湿度。另外，孵化室内的湿度对孵化器内的湿度也会造成影响，因此，孵化室的相对湿度最好保持在60%~70%。湿度过低，可在地面洒水；湿度过高，应加强通风，促使水分散发。

（三）通风

胚胎在发育过程中，需要不断吸收氧气和排出二氧化碳。良好的通风能保证胚胎正常的气体代谢，通风不良时，二氧化碳急剧增加，可使胚胎发育停滞，甚至引起死亡。因此孵化器内通气孔的大小和位置要适当，孵化初期可关闭进、出气孔，中、后期则应经常打开进出气孔，经常进行换气。但要注意不能有过堂风或风量太大，整个孵化过程中要保持孵化器内空气新鲜。

（四）翻蛋

入孵的种卵需要定时翻蛋，翻蛋可使种卵各部位受热均匀，避免胚胎与壳膜粘连，不仅有利于胚胎发育，而且还有助于胚胎运动，降低死胚率，提高孵化率和孵化质量。如果入孵种卵长时间静放，不予翻蛋，易使胚胎接触卵壳膜，影响胚胎发育。翻蛋的方法、要求、次数及时间，因孵化器类型及胚龄的不同而有别。从种蛋入孵当天开始翻蛋，直至出雏前 2~3 天落盘时止，要求每 2 小时翻蛋 1 次，1 昼夜翻蛋 12 次，立体孵化器自动翻蛋时，一般每天 9~10 次，翻蛋角度为 90°。

（五）凉蛋

孵化过程中进行凉蛋，可以对胚胎起刺激、锻炼和通风换气的作用，可促进胚胎发育。胚胎孵化中后期，由于物质代谢旺盛，会产生大量的体热，凉蛋便于散热，还可排除蛋内的污浊气体。

凉蛋的时间及方法应根据胚龄、季节而定，一般每天需要凉蛋 2 次。胚胎发育早期或寒冷季节，凉蛋时间不宜过长，因为早期胚胎本身发热少，寒冷季节气温低，凉蛋时间过长易使胚胎受凉，每天给孵化器内的水盘中加水的时间就能起到凉蛋作用。胚胎发育后期或炎热季节，凉蛋时间可稍长些，因为胚胎发育后期本身发热多，炎热季节气温高，所以凉蛋时间可延长至 15~20 分钟，凉蛋至蛋温下降到 30~35℃ 即应停止。

（六）照蛋

照蛋就是利用蛋的透光性，通过灯光或日光透视蛋内容物的一种方法。种蛋入孵后一般要进行 2 次照蛋，第一次照蛋在入孵后 5~7 天进行。照蛋的目的主要是检查胚胎发育情况以及种蛋是否受精，以便淘汰无精蛋和死精蛋。此时的无精蛋同新鲜蛋一样，蛋黄悬浮在蛋的中央，蛋体透明，很容易检出除去。发育正常的胚蛋，照蛋时可见卵的钝端气室透明，其他部分呈淡红色，并且可看到以红色斑点为中心，四周放射出若干树枝状血线，形如珠网状。如果卵内看到不正圆形血圈，表示胚胎发育终止，也应除去。第二次照蛋在入孵后 12~13 天进行，照蛋的目的主要是取出停止发育的死胎蛋。死胎蛋的特征是两头发亮，应检出除去，胚胎发育正常的种蛋气室增大，其余部分呈暗色。在生产实践中，如第一次照蛋发现受精率很高，胚胎发育良好，可以不进行第二次照蛋，这样可以减少种蛋的破损率，节约劳力，保证孵化质量。另外，照蛋时要增加室温，以免胚胎受冻，冬季气温较低时,要做好保温工作,室温应保持在28~30℃,以免影响孵化率。

(七)落盘

种蛋孵化至15~16天时,要注意观察水盘中有无蛋皮,如发现水盘中有蛋皮落入,这时就要将蛋由蛋盘移至出雏盘内,叫做落盘。落盘的蛋要平放在出雏盘上,落盘的蛋,蛋数不可太少,太少温度不够;但也不能过多,过多容易造成热量难以散发及新鲜空气供应不足,导致胚胎热死或闷死。蛋要放平,此时要停止翻蛋,温度保持在35~36℃,等待出雏。这时可用喷雾器往种蛋表面上喷洒少量温水,不仅有利出雏,而且可增强雏鹑的体质。

(八)出雏

在孵化条件适宜的情况下,孵化后第16天开始啄壳出雏(图6-5),第17天达到高峰。立体孵化器的出雏一般需要一昼夜才能出齐,等出雏过半时,取出已出壳且绒毛已干、能活动的雏鹑,以防止干扰未出壳的卵出雏。雏鹑应放在预先准备好的保温育雏箱内,让其充分休息,恢复体力。如果需要运往外地,则把雏鹑装入专用的运输箱内,及

图6-5 鹌鹑出雏

时运出。要注意的是,在运输箱底部要铺上麻袋布或粗棉布等垫料物,既能保暖又能防止雏鹑两脚打滑撇开。

(九)清盘

出雏后的蛋壳、"毛蛋"、垫纸等要及时清除干净,然后将孵化室、孵化器、蛋盘等冲刷干净、晾干。在第二次使用前重新进行消毒。

第七节 鹌鹑胚胎逐日发育的主要特征

受精的鹌鹑蛋在母体内受到体温的影响而发育成具有两个胚层的胚盘,当受精蛋进行孵化后,开始从两个胚层发育为三个胚层,以后又发育为各个器官,最后形成雏鹑破壳而出,胚胎逐日发育的主要特征如下。

第1天:卵黄上胚盘明区形成,中央部分透明,周围不透明为暗区,胚盘面积增大。

第2天:胚盘面积继续扩展,卵黄表面的卵黄囊血管形成心脏开始跳动。

第3天:卵黄囊血管呈樱桃状,旁边开使出现细血管,眼球开始着色。四肢、尿囊、羊膜囊可见,胚体弯曲。

第4天:胚胎体增大与卵黄囊血管形成蜘蛛样。胚胎头部大,眼睛特别大而明显,胚体呈弯曲状。

第5天:胚胎体积增大,整个蛋呈红色,中心点红色较深,四肢开始发育,尿囊血管向蛋锐端延伸,羊水增多,喙部形成,但未角质化。

第6天:眼球黑色素沉积明显,照蛋时可见黑点和血管网。上喙尖端有一明显白色齿状突。

第7天:胚胎增强发育,可见眼睑。尿囊血管继续延伸扩展。

第8天:卵黄囊血管加粗,颜色变深,胚胎下沉。体表长出绒毛,栗色羽鹌鹑背侧绒毛变黑,毛囊发育明显,趾爪分开。

第9天:胚胎呈现雏鹑形,喙尖齿状突明显角质化。尿囊包裹蛋的全部内容物,即尿囊血管蛋的锐端合在一起称"合拢"。

第10天:胎毛遍布全身,继续生长,胚胎能翻动,浓蛋白逐渐变少。

第11天:胚胎继续发育,气室变大,锐端发亮部分变得更小。胚体增大,喙角质化,爪发白。

第 12 天：胚胎体继续增大，长出的黑毛已基本上盖住了皮肤，浓蛋白被吸收干净，锐端已看不到发亮部分，俗称封门。

第 13 天：蛋黄利用加快，胚体继续生长，爪白色，羊水、尿囊液开始变少，气室变斜，血管较清，有横纹，黑毛中微显白色。

第 14 天：蛋黄继续吸收，胚体体积增大，爪呈骨头色，血管较清楚，能看见明显的横纹和轻微的爪纹，黑色素沉着较多，黑毛中微显白黄色纹，头上毛较稀，身上毛较长。

第 15 天：雏鹑体型已长成，喙部进入气室，开始用肺呼吸，爪上有色素沉着，爪纹较清楚，头上的毛基本长齐，颌下毛白色，黑毛中显出黄纹。

第 16 天：雏鹑发育成熟，开始啄壳，爪上的黑色素沉着较多，爪纹很清楚，血管已看不见了。头上的毛长齐，头、背上的黄纹很清楚，颌下的毛变黄。

第 17 天：大量出雏。

第七章

鹌鹑饲养管理技术

第一节 鹌鹑一般饲养管理技术

一、饲养方式选择

鹌鹑的饲养方式主要有笼养和平养两种,平养是传统的饲养方式,笼养则是现代化的集约管理方式。平养方式又分地面平养和网上平养两种,后者比前者先进,饲养密度可以适当增加,鹌鹑与粪便不接触,有利于防病,无需使用垫料,但需要网板的投资。

笼养鹌鹑单位鹑舍面积的饲养数量可以大幅度增加,节地、省工,有利于防病和管理,一个人可以管理5 000~8 000只鹌鹑,劳动生产率大大提高。另外,笼养鹌鹑的死亡率、淘汰率较低,蛋壳较干净,破损率也较低,养殖场应根据自身条件和具体情况进行选择,生产实践中鹌鹑一般多采用笼养。

二、日常饲喂技术

(一)日粮结构

1. 以精料为主,尽量少用青饲料和粗饲料

鹌鹑的采食量少,生长速度快,产蛋量多,因此鹌鹑的饲料应

选择体积小、粗纤维少、可消化养分多的谷实类、饼粕类、糠麸类饲料和易消化吸收、营养水平较高的动物性饲料，尽量少用青饲料和粗饲料。

2. 饲料力求多样化，合理搭配

鹌鹑生长快，产蛋率高，体内代谢旺盛，需要充足的营养。因此，鹌鹑的日粮应由多种饲料组成，并根据饲料所含的养分，取长补短，合理搭配，这样既有利于生长发育，也有利于蛋白质的互补作用。在生产实践中，为了节省饲料蛋白质的消耗，经常采用多种饲料配合，使饲料之间的必需氨基酸互相补充，切忌饲喂单一的饲料。因此，我们在配制鹌鹑的日粮时，不仅要注意日粮的蛋白质水平，还要注意日粮中蛋白质的品质和蛋白质与能量的比例。

3. 注意饲料品质，严禁饲喂发霉、变质的饲料

饲喂发霉、变质的饲料会影响鹌鹑的健康，甚至引起疾病、导致死亡，选择饲料时必须注意。

（二）日常饲喂技术

1. 饲喂方式及投喂方式

鹌鹑的饲喂方式有自由采食、定时定量和混合饲喂等方式，可根据自身条件和具体情况进行选择。

雏鹌鹑一般每天喂料6~8次，也可任其自由采食，不得无故断水与断料。仔鹌鹑应限饲限重，在饲养期间应定期称重，作为控制饲料投量的根据。产蛋鹌鹑一般每天喂料6次，自由采食。饲料的投喂方式有干喂法、湿喂法、干湿兼喂法3种。干喂法就是把饲料直接放在食槽中，自由采食，这样可以节约时间，提高工效，而且饲料不宜发霉，大规模饲养一般均采用此法。湿喂法就是把饲料和水拌成松散的湿料喂鹌鹑，这种方法适口性好，采食方便，也可以充分利用当地农副产品如菜叶等与饲料拌匀饲喂，缺点是饲料易变质，食槽需要经常洗刷。干湿兼喂法就是综合以上两种方法的优点，但要保证食槽数量一定要充足，以免发生争抢现象。

2.更换饲料逐渐过渡

鹌鹑的不同生理阶段和不同季节变换饲料的种类和日粮结构时，要逐渐过渡，有7~10天的过渡时期。现有的饲料由少至多逐渐取代原来的饲料，使鹌鹑逐渐适应，以保证正常的食欲、消化机能和饲喂效果。

3.注意饮水

水是维持鹌鹑生命的重要物质，因此，必须经常注意保证水分的供应，要按时清洗水槽，保证鹌鹑全天喝上清洁卫生的水，应将鹌鹑的喂水列入日常的饲养管理规程。

三、日常管理基本措施

（一）保持安静，防止惊扰

鹌鹑胆小，对外界因素反应敏感，容易受惊，只要一只带头跳跃，就会引起全群骚动，所以在管理上要注意动作轻慢、尽量减少声响，保持安静环境。另外鹌鹑很怕生人，因此尽量避免或禁止外人参观。同时，还要注意防御敌害，如狗、猫、鼠侵袭。

（二）注意清洁，保持干燥

鹌鹑体弱抗病力差，每天须打扫鹑笼，清除粪便，食具、用具和笼舍要经常清洗，定期消毒，保持鹑舍清洁、干燥，使病原微生物无法滋生繁殖。这是增强鹌鹑体质、预防疾病的必不可少的措施，也是饲养管理上一项经常化的管理程序。

（三）夏季防暑，冬季防寒

鹌鹑怕热，产蛋鹌鹑适宜的温度是26℃，舍温超过26℃，鹌鹑表现食欲下降，影响产蛋。因此，夏季应做好防暑工作，鹑舍门窗应打开，以利通风降温，鹑舍周围宜植树、搭葡萄架、种南瓜或丝瓜等饲料作物，进行遮阳。如气温过热，舍内温度超过30℃时，应在鹑笼周围洒凉水降温。同时喂给清洁饮水，水内加少许食盐，以补鹌鹑体内盐分的消耗。寒冷对鹌鹑也有影响，舍温降至 10℃以下产蛋率会受到较大影响。因此冬季要防寒，要加强保温措施。

（四）分群分笼，精细管理

幼鹑在育雏期内饲养 3 周后就要转到中鹑室，中鹑阶段雌雄要分笼饲养，一般每平方米饲养 60~70 只鹌鹑即可。

（五）注意观察

每次添水、添料和进入鹑舍，要注意观察鹑群的活动、采食、饮水情况是否正常，检查当天的排粪有无异常情况，随时发现鹑群的非正常状态、鹑群中非正常个体、病鹑等。如发现异常情况，要从多方面分析原因，以便及时进行处理。

四、常规防疫制度

（一）常规卫生消毒管理制度

① 圈舍和鹑笼定期消毒，每月至少消毒一次。
② 外来参观人员，更衣换鞋，消毒后进入鹑舍。
③ 内外寄生虫定期驱除。

（二）规范免疫程序

根据鹑场自身的具体情况、当地疫病流行特点等制定免疫程序，按免疫程序定期注射各种疫苗，如新城疫、马立克氏苗、传染性法氏囊弱毒苗等，以防止传染疫病的发生和蔓延。

第二节 雏鹑的饲养管理技术

雏鹑是指出壳 1~3 周以内的小鹌鹑。刚出壳的雏鹑个体小（图 7-1），绒毛短稀，体质较弱，体温调节机能不健全，适应外界环境条件的能力很差，既怕冷又怕热，如果饲养管理不当，很容易造成死亡。育雏期间必须进行保温，雏鹌最适宜的生长温度为35~37℃。雏鹑生长发育很快，初生雏平均重7~8克，1周龄时可达20~23克，2周龄时可达40~42克。

图7-1 刚出壳的雏鹌鹑

雏鹑的培育很重要，育雏的好坏直接影响到鹌鹑的成活率和开产后的生产性能，因此掌握好雏鹑的饲养管理技术非常重要。

一、育雏前的准备工作

（一）拟定育雏计划

首先要明确育雏数量，然后确定育雏方式，算出需要鹑舍的面积，根据育雏规模准备育雏设备和保温设备。

（二）备好育雏用具以及饲料和药物

进雏前1周，要将食槽和饮水器具清洗干净并浸泡在来苏儿溶液中消毒，然后再用清水冲洗干净、晾干备用。同时还要将除粪等用具以及育雏用的饲料和药物准备就绪。

（三）清理与消毒育雏舍

进雏前2天，首先要将育雏室以及育雏室周围的环境清扫干净，然后用2%的氢氧化钠溶液喷洒育雏室墙壁和地面，将育雏所用的所有工具，如育雏器以及投料、喂水、除粪等用具放入育雏舍内，关闭门窗，将通气孔堵严，用过氧乙酸熏蒸消毒。消毒剂量按育雏室容积计算，每立方米用纯过氧乙酸1克，用电炉加热，熏蒸20~30分钟即可打开门窗，让药味散去，保持育雏室内空气新鲜。也可用福尔马林熏蒸消毒，即每平方米容积用高锰酸钾15克，福尔马林30毫升，关闭门窗熏蒸 20~30 分钟即可。

（四）预温试热

进雏前育雏器要提前半天预热，要求育雏室和育雏器内的温度都要达到要求温度。

二、鹌鹑舍的环境控制

（一）温度

温度是育好雏鹑的首要条件，刚出壳的幼鹑体温调节机能不健全，因此幼鹑对温度非常敏感。温度过高，不仅易患呼吸道疾病，而且还易引起啄羽、啄脚等恶癖；温度过低，易使幼鹑受凉拉稀，因此育雏期的温度必须高低合适。雏鹑需要的温度指标见表 7-1。

表 7-1 雏鹑需要的温度指标

日龄	床温	室温
0~3	37~38℃	
4~10	35~37℃	
11~15	30~35℃	24~28℃
16~21	27~30℃	
22~35	25~27℃	
35 日龄以后	24℃左右	

一般来说，育雏头 3 天，雏鹌鹑群体中心温度应达到 38~40℃。在第一周内逐渐降至 35→33℃，第二周 32→29℃，第三周为 28→25℃，第四周为 24→21℃。当育雏期内温度和室温相同时，即可脱温。一般春秋育雏 14 天左右脱温，夏季 4~5 天脱温，冬季 20 天脱温。脱温应根据具体情况掌握，对刚脱温的雏鹌鹑要经常观察，仍要注意天气和气温的变化，使其逐步适应。

给鹌鹑施温应根据实际情况灵活掌握。掌握温度不能只看温度表，最主要的是看雏鹑的活动、休息和觅食情况，力求做到看鹑施温。温度适宜时，雏鹌鹑表现活泼，食欲良好，饮水适度，羽毛光亮整齐,休息时睡得分散、均匀、不扎堆,互不挤压而且安稳,不多发出叫声,均匀散布在热源四周。温度偏高时,雏鹌鹑远离热源,张口喘气、呼吸急促、争着喝水、羽毛蓬松,两翅下垂,集中在育雏期边缘,若高温持续时间过长,幼鹌会出现死亡。温度过低时,雏鹌鹑拥挤在热源周围,扎堆,身体发抖,羽毛竖立,发出尖叫声,弱雏常被挤伤、挤死或压死。另外,给鹌鹑施温还应根据天气情况、鹌鹑的大小和群体的大小灵活应用。比如,冬季温度应稍高,夏季稍低;阴雨天稍高,晴天稍低;夜间宜高,白天宜低;小雏温度宜高,大雏温度宜低;小群温度宜高,大群温度宜低等。保温热源一般可采用暖气、暖炕、电热丝、红外线灯泡、火炉等。

(二)湿度

雏鹌鹑在开食后的第一周内,育雏室的湿度以65%左右为宜,合理的湿度不仅有助于雏鹌消化吸收体内残存的蛋黄,而且有利于雏鹌适应新的环境。湿度过大,会降低雏鹌对外界气温的抵抗力,易感染各种疾病;湿度过小,易引起雏鹌消化不良和食滞症,也影响羽毛发育。提高相对湿度的方法很多,可在育雏室内洒水或在热源处放水盆,也可往育雏室内洒水,还可利用空罐头盒等器具盛满水,取一条毛巾,将其一头吊在盖上,另一头浸在水中,水分就可随毛巾的吸收而蒸发。需要注意的是盛水用的器具宜采用高一些的盆罐,切不可采用低矮的盆类,以防雏鹌鹑跳入溺死。一般在一周龄以后就不需要增加湿度了。

(三)密度

密度是指育雏器(箱)内单位面积所容纳的幼鹌、中鹌或成鹌数。密度过大,饲养效果不好,雏鹌生长缓慢,发育不齐,容易发生啄肛、食羽等恶癖,发病率、死亡率升高,育雏成活率低;密度过小,则浪费设备,饲养成本相应提高。幼鹌合理的笼养密度为:1~7日龄,每平方米130~160只;8~14日龄100~120只;15~21日龄80~100只;22~35日龄50~75只,36~42日龄60只。在生产实践中，应根据实践情况合理安排。在同样的饲养面积内，日龄小的，密度可适当大些，日龄大的，密度可适当小些。在冬季密度可适当大些，在夏季要适当小些。

（四）通风换气

育雏室的通风很重要，因为鹌鹑的体温高，呼吸快，代谢旺盛，尤其在大规模饲养时，数量多，密度大，呼出大量的二氧化碳。此外，雏鹑排出的粪便在微生物、温度和水分的作用下发酵，产生大量的有害气体，如氨气和硫化氢等，室内空气容易污浊。氨气是有害的气体，当空气中氨气含量高并持续时间长时，对雏鹑的健康和生产力有很大影响，造成雏鹑眼角膜发炎，饲料报酬降低，可导致幼鹑食欲不佳，发病率和死亡率增高。舍内其他有害气体，如超过允许量也使空气遭到严重污染。例如，育雏时若关闭门窗保温，或在育雏舍内烧炭、煤供温，会引起一氧化碳、二氧化碳过多，会使雏鹑出现喘气、中毒等现象，直接危害雏鹑的健康。为了让幼鹑健康发育，提高成活率，雏鹑舍必须进行合理的通风换气，保持空气新鲜。

做好雏鹑舍的通风换气是减少上述有害气体的最有效方法，但值得注意的是，一定要处理好保温和换气的关系。在排除舍内有害气体时，通风换气的原则是要求做到不致影响雏鹑保温的目的，并使舍内有害气体保持在最低限度。

雏鹑舍的通风有自然通风与机械通风两种方式。自然通风是利用自然界的风力及鹑舍内外的温差形成的空气自然流动，使舍内外空气得以交换，各种小型开放式鹑舍普遍采用这种通风形式。机械通风是使用轴流式通风机以正压或负压方式强制将舍内外的空气交流，正压通风通常在小型鹑舍使用，负压通风一般用于密闭式无窗鹑舍。由于育雏期特别是育雏前期必须为雏鹑提供足够的环境温度，雏鹑舍的通风有其自身的要求，不论采用何种方式，一般情况下都要在舍温达到要求的前提下进行通风。在严寒季节可选择在气温较高时进行低流量或间隙的通风，基本达到换气量后，如舍温降低应及时停止，使舍温回升。雏鹑舍的进气与排气口设置要合理，保证气流能均匀通过全舍，气候寒冷时进入舍内的气流应由上而下，不能直接吹向鹌鹑体，通风时气流速度应缓慢，有条件的可对进入的新鲜空气进行预热，避免出现局部低温，特别要杜绝从鹌鹑舍缝隙吹进舍内的"贼风"。育雏前期（15日龄前）和冬天育雏，也可在育雏室安装风斗（上罩布帘）或纱布气窗等办法，使冷空气逐渐变暖后流进室内，一定要防止间隙风。有间隙风时，雏鹌鹑表现远离风源并相互拥挤堆在一起，时间长了会使雏鹌鹑感冒，影响健康。2周龄后，可选择晴暖无风的中午，开窗通风透气。

（五）光照

光照对家禽的生长和产蛋有重要作用，光线刺激视网膜，感光物质的分解产物作用于神经末梢，产生神经冲动，传导间脑，在神经系统影响下，脑垂体前叶受到刺激，生成和分泌促性腺激素和生长激素。促性腺激素中含有卵泡刺激素，能作用于卵巢，促使卵泡生长和成熟，随着卵泡的成熟，从卵泡细胞产生雌激素。雌激素作用于肝脏，可促进肝内脂肪和蛋白质的合成，活跃全身的新陈代谢机能，支配血中钙、磷含量，以及促进甲状旁腺的分泌作用。到产卵期，雌激素的作用增加，促使排卵。除雌激素增加外，血液中锰、铁、维生素A、维生素B_2等也增加。生长激素能促进骨的形成和肌肉的生成，故有促进生长的作用。

1. 光照时间

雏鹌鹑出壳后1~7日龄内，采用24小时连续光照，以后减少到每天光照14~15小时。打算做食用的公鹌鹑采用8小时光照，可提高增重和饲料利用率；做种用和产蛋的鹌鹑每天采用16小时以上的光照。其他时间也应开小灯照明，便于采食、饮水。脱温后，光照时间也不能低于14小时。

2. 光照强度

照度强弱以鹌鹑能看到采食、并减少对鹌鹑的光刺激为原则，一般以5勒为佳。光照强度合理时，雏鹌鹑表现安静，食欲良好，活动自如，生长较快；光照较强时，雏鹌鹑显得神经质，敏感易惊群，活动量大，易发生互斗、啄羽、吸趾、啄肛等恶癖。

3. 光色

光色对鹌鹑的生长和性成熟、产蛋性能也有很大的影响，实践证明，一般用白光和赤光较好，不能使用绿色光和青色光。

三、雏鹑的饲养与管理

（一）饮水与开食

雏鹑的饲喂原则是先饮水（图7-2）后开食。幼雏出壳待毛干后，放入育雏器内，熟悉环境安静下来后，先给温水饮用。生产实践中为了预防白痢的发生，也可先给雏鹑饮用35℃的0.01%高锰酸钾水或5%~8%的葡萄糖水，或0.25%的维生素和0.25%土霉素水。远距离引种，应在饮水中加5%~8%的葡萄糖，第3天饮水中再加0.01%加高锰酸钾。总之，雏鹑出壳24小时内必须保证给以饮水，以补充体内所耗水分。因为在孵化过程中幼鹑丧失了不少水分，如果不及时补水，会使幼鹑绒毛发脆，影响健康。如果长时间不给饮水，一旦给水时，容易发生抢水暴饮，引起拉稀。整个育雏期间都要保证供给充足干净的饮水，水温以18~20℃为宜。一般出壳后经20~22小时喂水，喂水后2~4小时即可开食（给雏鹑喂料）。开食过早过晚都不好，过早会影响整个雏鹑的休息，过晚，对雏鹑的生长发育影响很大。满1日龄的雏鹑如果不开食，不仅生长发育受到影响，而且会增加死亡率。开食方法最好先将饲料均匀撒在旧报纸、布片或开食盘上，放在热源（灯泡）附近温暖的地方，让其自由采食。在粉料中添加0.1%土霉素粉，可防白痢发生。开食3~4天后，改用食槽投喂饲料。每天喂6~8次，也可任其自由采食。雏鹑生长发育很快，而且从5日龄开始

图7-2 雏鹑饮水

就要将出壳后的绒毛换成初级羽,所以对饲料要求较高。通常育成1只鹌鹑(从开食到产蛋)约需饲料0.56千克,雏鹑每周的采食量见表7-2。

表7-2 育雏期每周的采食量

周龄	采食量(克)	与第一周之比
1	32.14	1.00
2	64.38	2.00
3	93.21	2.90
4	96.65	3.01
5	122.97	3.83
6	152.14	4.89

注:作者试验所得数据。

(二)日常管理

刚出壳的雏鹑对外界环境的适应能力很差,所以饲养管理稍有不周,就会造成死亡。出壳1周之内,雏鹑的管理应做到"安静、温暖、干净"。养好雏鹑还需做好以下几方面的管理工作。

1. 勤观察鹌鹑活动状况

勤观察鹌鹑的精神状况和排粪情况,采食、饮水是否正常,发现问题要找出原因,并立即采取措施。

2. 保持室内环境条件良好

勤检查室内的温度、湿度、通风、光照是否合适,如有不适及时调整。并要做好防鼠害、兽害、蚊蝇和煤气中毒等工作。

3. 保证饲料与饮水供应

0~4日龄的雏鹑常表现出逃窜的野性,加料、喂水要当心,防止饮水沾湿绒毛。饲料要少喂勤添,做到吃完随时添加,饮水器每天清洗1~2次,保证全天供给清洁充足的饮水。

4. 鹑舍要保持干燥、清洁并定期消毒

每天除粪一次,勤扫笼舍,保持鹑舍通风、干燥、清洁,并定期用3%~5%来苏儿溶液消毒。

5. 及时调整密度

要根据雏鹌的发育情况及时调整密度，淘汰发育不良的弱雏。做好防鼠害、防蚊蝇等工作。

6. 定期称测体重与检查羽毛生长情况

7. 做好各项记录和统计报表

8. 严禁外人随便出入鹌舍

工作人员进育雏室要换工作衣，严禁外人随便出入。

四、雏鹌的引进与运输

（一）雏鹌的引进

1. 引进雏鹌前应考虑的因素

引进雏鹌前，必须详细了解种源场的情况，即对种鹌场的各种信息进行详细了解（饲养规模、种鹌来源、生产水平、系谱完整性、是否具有种畜禽生产经营资质、是否曾发生过疫情以及种鹌的月龄、生产性能等），杜绝从曾经发生过疫病（烈性传染病和严重寄生虫病等）的鹌群中进行引进雏鹌，以避免引进雏鹌的同时带进疾病。

大中型种鹌场的设备好，技术水平高，经营管理完善，雏鹌质量有保证，从这些场引进雏鹌相对比较可靠。农户自办鹌鹑场，一般来说规模比较小，近亲现象比较严重，雏鹌质量较差，且价格比较混乱，从这种场引种要千万慎重。

2. 雏鹌选择

（1）品种或品系的选择　根据需要选择适宜的品种或品系。

（2）个体选择　同一品种（系）中，个体的生产性能也会有明显的差别，因此要特别重视个体选择。选择的个体应具备以下条件：体格健壮，个体高大，外形正常，初生重符合品种标准，体重在7克以上；眼睛有神（图7-3），活泼，叫声响亮；绒羽蓬松且密，腹部绒毛长密，有光泽，整洁，有丰满感，握在手中感柔软、有弹性；脐部愈合良好；喙和脚趾比较粗壮，无畸形；肛门处绒毛无污染。

（3）引进雏鹑数量确定及引进雏鹑季节的选择　根据自身的需要和发展规模确定引进雏鹑的数量。引雏鹑最好的季节是气候适宜的春秋两季，寒冬和炎夏都不适合引鹌鹑。鹑忌极冷酷热，应激反应十分严重，所以若在夏季引鹌鹑，必须做好防暑工作，夜间起运，白天在阴凉处休息；冬季引鹌鹑，注意保暖，以防感冒。

图7-3　眼睛有神的雏鹑

（二）雏鹑的安全运输

雏鹑个小、体弱，对外界环境的调节能力较差，应激反应十分明显，引进雏鹑过程中运输不当时，可使雏鹑发病，甚至死亡。因此，安全运输是引雏鹑过程的一个非常重要的环节。

1. 运输前的准备

（1）提前确定运输方式　要根据路途远近、道路和交通状况、引进雏鹑数量等确定运输方式，并根据将要采取的运输方式，在相关部门开具相应的健康检疫证明、车辆和运输笼具的消毒证明等。

（2）准备好运雏箱及饲具等用具　根据运输距离远近不同，一般采用瓦楞纸运雏箱运输，内分若干格，按格放置雏鹑，运雏箱内要垫上干净的稻草或麻袋布，稻草要求清洁、干净，不能有霉变。

（3）运具消毒　要对运输用的车辆、笼具、饲具等进行全面而彻底的消毒。

（4）备足饲料　要提前了解好供鹑单位的饲料特性和饲喂制度，带足所购雏鹑2周左右的原场饲料。

2. 装车

装车时尽量保持轻拿轻放，动作谨慎，尽量降低装车过程对鹌鹑的应激，而且要考虑方便运输途中的观察和饲养管理。

3. 起运

要根据引种季节的不同选择好起运时间,并做好运输途中可能发生一切应急事件的准备后方可起运。

4. 运输途中的饲养管理

只需1天时间的短途运输,可不喂料、只喂给清洁的温水;如果运输时间超过1天,就需先给饮水后,过2~4小时后就要喂料,需要注意的是,不能喂得过饱。运输过程中既要注意通风,也要防止鹌鹑着凉、感冒。车辆起停和转弯时,速度要慢,以免造成鹌鹑挤压等伤害。

(三)雏鹑引进后的饲养管理

1. 运具处理

引进的雏鹑到达目的地后,要将运输用过的垫草、纸箱、排泄物等进行焚烧或深埋处理,同时对运雏箱及用具进行全面彻底的消毒处理,以避免可能疾病的发生和传播。

2. 隔离饲养

引进的雏鹑,应首先放在远离原鹑群的隔离鹑舍进行隔离观察饲养,隔离观察饲养最少2周后,确认无疾病发生、健康时,再放入预备好的鹑舍。

3. 饲养管理

① 鹌鹑到达目的地,需要休息1小时后再喂给少量的雏鹑配合饲料,同时供给少量温水,在饮水中加5%~8%的葡萄糖。切记,必须杜绝暴饮暴食,以后再逐渐增加饮水和饲料。

② 引进鹌鹑的管理程序、饲养制度以及饲料特性应尽量与供种场的保持一致,确需改变时,一定要有7~10天的过渡适应时间。

③ 对新引进的种鹑应进行定时的健康观察。建议每天早晚各观察一次,主要观察内容有食欲好坏、粪便是否正常、精神状态如何等,并做好观察记录,发现问题及时采取措施。

第三节 仔鹌的饲养管理

出壳 22~40 日龄的鹌鹑称为仔鹑，仔鹑可分为蛋用仔鹑和种用仔鹑。雏鹌鹑经过育雏期后，可以逐步脱温直至与室温相同，转入仔鹌鹑的饲养和管理。饲养仔鹌鹑前，要提前几天清理笼舍并用甲醛熏蒸消毒（见本章第二节）。

一、种用仔鹑的饲养管理

雏鹑在育雏室内饲养 3 周后需要转入仔鹑室饲养，在此阶段，要人工选择仔鹑，将好的仔鹑留下做种用，不好的或多余的转入育肥笼进行育肥上市。仔鹌鹑生长强度大，尤以骨骼、肌肉、消化系统与生殖系统为快，此阶段饲养管理的主要任务是控制其标准体重和正常的性成熟期，同时要进行严格的选择及免疫工作。此阶段由于生活条件和环境的改变，要特别注意护理，尤其是冬春季节温度较低，室内温度达不到 20℃，还需继续保温。

（一）鹑舍的环境控制

1. 温度

刚转入仔鹑舍后，室温不得低于 27℃，以后可逐渐降低到 18~25℃。如果温度太低，鹌鹑容易扎堆而被压死，也易发生感冒，对鹌鹑的生长发育不利，所以饲养人员一定要勤观察鹌鹑的活动状况，发现异常及时处理。

2. 湿度

湿度对鹌鹑的生长发育也有很大的影响，湿度不足，易引起鹌鹑消化不良，食欲停滞，羽毛发育不良；湿度过大，会降低鹌鹑对外界气温的抵抗力，易感染各种疾病。仔鹑舍适宜的湿度为 55%~60%。

3. 光照

仔鹑的饲养期间，光照控制在 10~12 小时即可。在自然光照时间较长的季节，要把窗户遮上，使光线保持在规定时间内，白天可利用自然光照，不足则早晚人工补充光照。

4. 通风

鹑舍要通风良好，保持空气新鲜，但要避免穿堂风，要处理好换气与保温之间的关系，可选择在中午气温稍高时换气。

5. 密度

合理的密度对仔鹑的生长发育很重要，密度过大，仔鹑表现生长发育不齐，强欺弱，而且易诱发啄肛、食羽等恶癖，发病率、死亡率升高；密度太小，浪费设备，相应的也提高了饲养成本。仔鹑适宜的饲养密度为 50~60 只/米^2。

（二）种用仔鹑的饲养

1. 公母分群饲养

为确保仔鹌鹑日后的种用价值和产蛋性能，仔鹑养到 3 周龄时，要公母分群饲养，这时要将发育差的仔鹑挑出来转入育肥笼，作为肉用鹌鹑强化饲养后上市。鹌鹑长到 21 日龄时，可根据其外貌和行为特征来鉴别公母，鉴别方法见表 7-3。

表 7-3　3 周龄鹌鹑雌雄法

性别	胸部和面颊羽	肛门上方	鸣叫声	体型、体重
雄	胸部和面颊的羽毛呈红褐色	有半球状红色隆起，按压时有白色泡沫状分泌物	短促、高朗	体型紧凑，体重小
雌	胸部羽毛呈灰白色，带有黑斑	无半球状隆起	细小	体型宽松，体重大

2. 限饲

仔鹑在这一阶段增重较快，3 周龄时可达 62 克，4 周龄时达 84 克，5 周龄时 109.5 克，6 周龄时 123 克。料重比从第三周龄到第六周龄分别为 2.7∶1、3.2∶1、3.6∶1、4.3∶1。如果不限制饲养,任其自由采食,鹌鹑容易过肥,性成熟过早,不仅加大了饲养成本,而且还直接影响鹌鹑的产蛋率和种蛋的合格率。所以,种用鹌鹑在此阶段应进行适当的限制饲养,一般可通过控制采食量或蛋白质水平来进行适当限饲。

(1)限饲方法 一般从 28 日龄开始限饲,日粮中蛋白质水平控制到 20% 或每日喂料量控制在标准饲喂量的 85%。

(2)饲料配方 先将国内外一些厂家的饲料配方介绍如下,供大家参考。

① 玉米 55.4%,豆饼 33.5%,鱼粉 5%,麸皮 2.5%,骨粉 0.8%,羽毛粉 2.4%,石粉 0.3%,赖氨酸 0.1%。

② 玉米粉 57%、豆饼粉 24%、进口鱼粉 12%、米糠或麸皮 3.8%、骨粉 1.5%、叶粉 1.7%。每 10 千克饲料另加硫酸锰 7 克,硫酸锌 4 克,禽用多种维生素 4.5 克。

③ 玉米 46%,豆饼 35%,鱼粉 5%,葵籽饼 3.5%,麸皮 2.5%,羽毛粉 5%,肉骨粉 2.5%,食盐 0.3%,添加剂 0.2%。

④ 玉米 56%,豆饼 24%,鱼粉 13%,麸皮 3.9%,干草粉 1%,骨粉 1.5%,食盐 0.3%,添加剂 0.3%。

(3)饲喂次数 要做到按时按量饲喂。一般每天饲喂 6 次,一般为上午的 6∶00、9∶00、11∶30 和下午的 2∶30、5∶30、8∶00 各喂一次。

3. 转群

种用仔鹑养到 5~6 周龄时要进行选种,编号登记后转入种鹑舍饲养。鹌鹑胆小、易受惊,转群时,动作要轻,保持环境安静,最好在晚间熄灯后进行。

(三)种用仔鹑的日常管理

① 每次饲喂或进鹑舍的时候要察看鹌鹑的活动、采食、饮水情况是否正常,排粪有无异常情况,发现问题分析原因,及时解决。

② 按时饲喂,饮水器每天清洗 1~2 次,保证饲料、饮水供应。

③ 饲喂动作要轻、慢，保持环境安静，以避免鹌鹑因受惊而惊群。

④ 保持室内外清洁卫生，每天除粪1~2次，保持鹑舍通风、干燥、清洁，并定期用3%~5%来苏儿溶液消毒。

⑤ 做好防疫接种工作，按时预防接种，工作人员进鹑舍要穿工作衣和工作鞋，非工作人员禁止入内。

⑥ 防范天敌。老鼠是鹌鹑的大敌，它不仅能咬死鹌鹑，还要吃蛋。苍蝇、蚊子也能把病菌传给鹌鹑，所以一定要引起重视。

二、蛋用仔鹑的饲养管理

蛋用仔鹑的饲养管理基本上与种用仔鹑的饲养管理一致，也要求公母分群饲养、适当限饲、35日龄左右转群上蛋鹑笼饲养，这里不再叙述。

第四节 产蛋鹑的饲养管理

产蛋鹑一般是指出壳40日龄以后的鹌鹑，因为鹌鹑长到40日龄时，羽毛已换完，这时早熟的雌鹑就开始产蛋，雄鹑开始鸣叫，待50日龄时雌鹑大部分开产，60~70日龄时就达到产蛋高峰。为了获得数量多、质量好的鹑蛋，必须进行科学的饲养管理和经营，使鹑群的遗传潜力得以充分发挥。

一、产蛋鹑对环境的基本要求

产蛋鹌鹑一般都采用笼养（图7-4）。饲养前，要提前几天清理笼舍并用甲醛熏蒸消毒（消毒方法可参见第七章）。良好的生产环境，才能使鹌鹑保持高产和稳产。

图7-4 笼养产蛋鹌

（一）温度

温度对鹌鹑的产蛋率影响很大，适宜温度，是促使鹌鹑高产、稳产的关键，鹌鹑适宜的产蛋温度为26℃，在此温度下鹌鹑的产蛋率和饲料利用率都较高；反之，如果温度高于30℃，鹌鹑食欲减退，蛋壳变薄，产蛋率下降甚至停产。温度低于15℃，产蛋率就会下降甚至停产，而且还会引起脱毛现象。因为鹌鹑没有汗腺，温度过高时只能靠呼吸散热，导致鹌鹑食欲不振，采食量减少，产蛋率和蛋重都会下降，如果持续高温，则停止产蛋；温度过低，鹌鹑体热散失较多，采食的营养大部分用于维持体温，导致用于产蛋的营养不足，饲料利用率下降，同时还会引起局部换羽。所以鹌鹑舍要做到冬季防寒，夏季防暑。

（二）湿度

湿度与产蛋鹌的体热散发及环境卫生关系很大，产蛋鹌鹑最适宜的相对湿度为50%~60%，不可过大或过小。鹌鹑本身要散热，排粪也会增加湿度，如果鹑舍室温高湿度大，鹑粪容易发酵，造成空气污染，鹌鹑易患消化道和呼吸道疾病，严重影响鹌鹑的健康与产蛋率。如果室温低而湿度大，会加剧鹌鹑对寒冷的刺激。如湿度过大，应加

强通风来排除湿气，湿度过小，可在室内喷些水，以增加湿度。

（三）光照

光照时间对鹌鹑的生产性能影响很大，光照有两个作用，一是为鹌鹑采食照明，二是通过眼睛刺激鹌鹑脑垂体，增加激素分泌，从而促进性成熟和产蛋。照度只对存活率和体重有一些影响。据试验研究表明，鹌鹑初期和产蛋高峰期光照应达14~16小时，后期可延长至17小时。照度用3勒就行，因为照度过强，对鹌鹑存活率有害。不同颜色的光照对产蛋率的影响不同，据报道，红光、白光和紫外光能使鹌鹑保持安静，有利于提高产蛋率，而蓝光、黄色光和绿光对鹌鹑不利。鹌鹑初产期灯应挂在不同高度，呈锯齿状排列，使各层产蛋鹑均能接受光照。

（四）通风

通风是养好鹌鹑的一个很重要条件，因为通风可保持空气新鲜，给鹌鹑提供充足的氧气。产蛋鹌鹑代谢旺盛，又是密集式笼养，如果通风不好，鹑粪中散发的有害气体，如氨气、硫化氢等，以及动物性饲料中散发的异味对鹌鹑的健康和产蛋很不利。要提高鹌鹑的养殖效益，必须给鹌鹑创造良好的生产环境，所以鹌鹑室一定要有通风设施，尤其是大规模饲养情况下，通风换气更为重要。

（五）密度

适宜的密度也是养好鹌鹑的关键，密度过大，饲养效果不好，不仅影响鹌鹑正常的采食、休息，而且易发生互斗、啄羽、啄肛、啄蛋等恶癖，密度过小，则浪费设备，加大了饲养成本。一般笼养条件下，每平方米饲养蛋鹑20~30只即可。

二、产蛋鹑的饲养

产蛋鹌鹑的饲料要求适口性好，营养全面，对饲料中的能量和蛋白质水平要求较高，能量要达到 2 750~2 800 千卡/千克（1 千卡 = 4.186 8 千焦，全书同），蛋白质 20%~22%。在整个产蛋期饲料成分尽量保持相对稳定，如遇特殊情况必须更换饲料品种时，要逐渐过渡，切忌不要突然更换饲料。产蛋期间要减少用药或尽量不用，以免影响蛋的品质。

（一）适时转群

仔鹑养到 35 日龄左右时，需要转群到蛋鹑舍饲养。鹌鹑胆小、易受惊，所以一般在夜间转群。种用仔鹑在此阶段要进行选种、编号登记后再转入种鹑舍饲养。

（二）饲料配方与饲喂量

产蛋鹌鹑应选择适口性好、粗纤维含量低、易消化的饲料。现将国内外一些场家的产蛋鹌鹑饲料配方介绍如下，供大家参考。

① 玉米 51%，鱼粉 13%，豆饼 25%，麸皮 2%，骨粉 1%，石粉 5%，葵籽饼 3%。

② 玉米 50%，麸皮 3%，豆粕 22%，棉籽粕 5%，进口鱼粉 8%，肉粉 4%，骨粉 2%，贝粉 2%，石粉 4%，另加微量元素、多维素、蛋氨酸（按说明书使用）。

③ 玉米 50%，小麦 10%，苜蓿粉 3%，肉粉 4%，鱼粉 4%，熟豆饼 25%，碳酸钙 3.5%，食盐 0.5%。

需要注意的是饲料配方要灵活应用，要根据养殖场的实际情况、不同季节和不同年龄作适当调整。

鹌鹑饲料的消耗量取决于日粮的能量与蛋白质水平，另外，光照、气温和产蛋率的高低也与饲料的消耗量有一定的关系。一般 1 只产蛋鹌鹑每日消耗配合饲料 25~30 克，从出壳到饲养 1 年采食量约为 10.5 千克。

（三）饲喂次数

产蛋鹌鹑一般每天饲喂 6 次（上午 6:00、9:00、11:00，下午2∶00、5∶00、晚上8∶00），要少喂勤添，每次喂料不能太多，以到下次投料时能基本吃完为原则，全天要供给清洁充足的饮水。

（四）防止泄殖腔外翻

鹌鹑开产的头2周，泄殖腔外翻的病例发生率可高达1%~3%。引起鹌鹑泄殖腔外翻的原因主要是由于饲喂过程中，饲料蛋白质水平过高，没有限制饲喂，导致鹌鹑体况偏肥，性成熟过早。此外，光照过强，体况过于虚弱，也可诱发泄殖腔外翻，也有一小部则是产大蛋、双黄蛋引起的，因此在生产实践中，应针对上述原因采取相应措施加以预防。

（五）强制换羽

鹌鹑自然换羽时间长，换羽慢，产蛋少且不集中，为了缩短换羽时间，稳定产蛋量，使产蛋持续时间长，需要实行人工强制换羽。强制换羽一般在夏季进行为好。

具体做法：将产蛋率降至50%左右尚未换羽的产蛋鹑，放入遮光笼内停料4~7天（夏季应适度饮水），迫使产蛋鹌鹑迅速停产，接着鹌鹑大量脱落羽毛，然后再逐步加料，逐步恢复光照，使之迅速恢复产蛋。如果断食4天后，产蛋鹌鹑的羽毛已基本脱完，那么可在第5天逐渐恢复供料和光照，一般从停饲到恢复开产仅需20天的时间。

三、产蛋鹑的日常管理

（一）观察鹌鹑的健康状况

每天早晨一上班，管理人员首先要查看鹌鹑的活动、采食、饮水情况是否正常，并要注意鹑粪的颜色、形状、气味等有无异常，发现异常要分析原因并及时采取措施。

（二）搞好卫生与通风

食槽、水槽、用具、笼舍等要经常清洗，定期消毒，每天清粪

1~2次，如不及时清粪，容易产生硫化氢和氨等有害气体，对鹌鹑的健康不利。进入鹑舍后如感到空气不新鲜，有恶臭或呛鼻子不舒服，需要马上打开风扇、窗户或通气孔以便换气，鹑舍每天要保持干净。

（三）做好收蛋工作

母鹑产蛋主要集中在中午过后至晚上8时前，而下午3~4点钟是产蛋的高峰时间，所以收蛋可在晚上8时以后或第二天清早均可。收蛋时不仅要注意观察蛋的大小、形状以及蛋壳的薄厚等，而且要记好每个饲养箱的产蛋数，以便及时发现问题，畸形蛋和破蛋不要装入盒内。

（四）防止各种应激，保持环境安静

鹌鹑胆小怕惊，很容易出现惊群现象，表现为笼内奔跑、跳跃和起飞现象。在饲喂、收蛋、除粪时动作要轻、慢，尽量减少声响，特别是下午或傍晚鹌鹑集中产蛋时尤应注意。因为鹌鹑受惊后容易造成产蛋率下降和产软壳蛋和畸形蛋。

（五）搞好日常防疫工作

鹑舍门口要设消毒池，工作人员进鹑舍要换工作衣和工作鞋，非工作人员禁止入内。

（六）发现病鹑及时隔离

有治疗价值的可进行治疗，否则一律淘汰。死鹑应剖检，找出原因，采取相应措施。尸体应深埋或焚毁。

（七）定期淘汰老鹌鹑

雌鹑的利用年限一般为1年，当产蛋率下降到50%~60%时要进行成本核算，如经济不划算要及时淘汰。

（八）做好平时的饲养管理记录工作

做好平时的记录工作有利于及时发现问题，解决问题，如饲养鹌鹑数、死亡数、产蛋数、破蛋数、软蛋数、饲料消耗量、疾病情况等。

四、鹌鹑的产蛋规律与利用年限

鹌鹑性成熟早，一般45日龄左右开产，蛋鹑每天产蛋的时间主要集中于午后至晚上8点前，而以下午3~4点为最多。捡蛋一般在早晨进行，不零星捡取。种蛋最好每日收取2~4次，以保证种蛋的质量。开产后的第2周产蛋率就可达到82%，第4周达到产蛋高峰，高峰时间维持较长，高峰期过后产蛋率下降也比较缓慢。全年的平均产蛋率在75%以上，优秀者可达80%以上。

鹌鹑的寿命可达4年以上，但经济利用年限一般为1~2年，因为从第二个生物学年开始，种母鹑的产蛋率、受精率和孵化率就开始降低，比第一个生物学年低15%~20%。除某些优良纯系或个体外，一般都采用"年年清"。育种场可利用2~3年，但实践中采种时间仅利用8~10个月，以确保种蛋质量。商品蛋鹑饲养1年后产蛋率很低，继续饲养不合算，生产中应主要考虑产蛋量、种蛋合格率、受精率及其经济效益和育种价值。

五、影响鹌鹑产蛋率的因素

（一）遗传

遗传因素是决定鹌鹑产蛋率高低的重要因素之一。不同的鹌鹑品种，产蛋性能不一样，同一时期的蛋鹌鹑品种比肉用型鹌鹑的产蛋率高，而不同的蛋鹌鹑品种在同一时期的产蛋率也不同。比如：朝鲜龙城在产蛋高峰期产蛋率可达85%，而白羽鹌鹑则可高达95%~98%，因此，生产实践中，要根据不同的饲养目的，饲养不同的鹌鹑品种。

（二）饲料与饮水

1. 饲料

合理的饲料是鹌鹑高产稳产的必要条件之一。鹌鹑产蛋率高，对饲料的营养水平也要求较高，尤其是能量和蛋白质水平。一般要求产蛋鹌鹑饲料中的能量水平要达到 2 750~2 800 千卡/千克，粗蛋白含量 20%~22%，不仅饲料配方要合理，而且要保证各种原料的质量。值得注意的是，饲料中蛋白质的含量并不是越高越好，当饲料中蛋白质超过需要量时，不仅造成蛋白质浪费，更重要的是，鹌鹑发生蛋白质中毒，将导致肝脏和肾脏因负担过重而受损伤，从而造成减产或停产，如果不及时调整配方，严重的可导致鹌鹑病情加重甚至引起死亡。因此，我们在配日粮的时候，不仅要注意日粮的蛋白质水平，还要注意日粮中蛋白质的品质和蛋白质与能量的比例。另外，配制饲料时如果搅拌不匀，也会引起食盐或微量元素中毒，引起产蛋率下降。突然更换饲料或过于限制鹌鹑的采食量也会引起鹌鹑产蛋率下降，一般产蛋鹌鹑的日采食量为 25~30 克（因季节不同略有不同），所以在生产实践中，一定要根据养殖场的实际情况，科学配料和合理饲喂。

2. 饮水

水是维持鹌鹑生命的重要物质，鹌鹑体内含水量大约 75%，鹑肉中含 78%，鹑蛋中含 72%。饲料中，多种营养物质的溶解与吸收都离不开水，这些水分除少量来自饲料和营养物质在体内经代谢后产生的代谢水外，大部分都是通过饮水摄入体内。鹌鹑的饮水量一般是采食量的 2~3 倍，每天需要 50~75 克。产蛋鹌鹑如果停水 24 小时，产蛋率可下降 40%，正常供水两周才能恢复正常；若停水 40 小时，鹌鹑便会停产，甚至渴死，正常供水 1 个月后产蛋率才能恢复，因此必须保证全天喂给充足清洁的饮水。

（三）环境

包括人工环境因素和自然环境因素。

1. 人工环境因素

（1）温度　适宜的温度是促使鹌鹑高产、稳产的关键，鹌鹑忌极冷酷热，温度过高或过低，都对鹌鹑的产蛋率有很大的影响，鹌鹑适宜的产蛋温度为26℃左右。当舍温过高，高于30℃时，鹌鹑食欲减退，蛋壳变薄，产蛋率下降甚至停产；当舍温低于20℃时，产蛋率会下降10%，低于10℃时会下降60%，甚至停产，同时鹌鹑抗病力明显降低，死亡率增加。因此，鹑舍天窗最好使用温控无级变速通风装置。

（2）湿度　产蛋鹌鹑对湿度的适应性较强，一般产蛋鹌鹑适宜的相对湿度为50%~60%。

（3）光照　光照对鹌鹑的产蛋率影响很大，产蛋鹌鹑的光照时间应掌握在每天16~17小时，自然光照不够，要采用人工补光。产蛋鹌鹑喜欢柔和的光线，以40瓦白炽灯为宜。光线过强不仅会引起鹌鹑脱毛和早衰，而且还引起蛋重降低，光线过暗，影响鹌鹑采食。光照时间也不能突然变化，如果光照时间突然降至每天8小时，不仅产蛋率会降低50%以上，鹌鹑也会引起脱毛现象。

（4）密度　在阶梯式鹑笼中，每平方米以饲养50~60只为宜，密度过大，必然影响鹌鹑的采食量和活动空间，而且易发生互斗、啄羽、啄肛、啄蛋等恶癖，从而引起产蛋率下降。

（5）通风　通风应在保证舍温的前提下进行。但也不能只为了保温而不通风。许多养殖户冬季为保舍温，全部封闭窗口，造成鹑舍中二氧化碳和氨的严重超标，不仅产蛋率降低，而且极易造成传染病流行。在舍温低的情况下可生炉火来提高舍温，然后再进行通风。通风最好选择在晴朗无风的中午进行。

（6）鹑舍卫生　清洁干净的环境条件有利于鹌鹑产蛋率的发挥。所以鹌鹑舍要勤打扫、勤清粪、保持干净清洁，食槽、水槽要每天清洗干净，经常消毒。

（7）噪声　鹌鹑胆小怕惊，很容易出现惊群现象，表现为笼内奔跑、跳跃和起飞现象。在饲喂、收蛋、除粪时动作要轻、慢，尽量减少声响，特别是下午或傍晚鹌鹑集中产蛋时尤应注意。因为鹌鹑受惊后容易造成产蛋率下降和产软壳蛋和畸形蛋。

2. 自然环境因素

（1）寒冷　天气骤变，突然降温，可使鹌鹑产蛋率下降10%以上。

（2）大风　鹌鹑的产蛋率与风的强弱关系很大，突然而至的5~6级风，可使产蛋率下降10%~20%。

（3）阴雨　长时间的阴雨天气，可造成光照不足，温差变化大，使鹌鹑抗病力下降，也可引起大肠杆菌暴发，从而影响产蛋率。

（4）鼠害和虫害　老鼠是鹌鹑的天敌，它们不仅偷吃饲料、偷吃鹑蛋和咬死鹌鹑，而且还传播疾病。1只成年老鼠一夜可咬死成鹑10余只，拖走鹑蛋十几枚甚至上百枚。1只老鼠对鹑场造成的损失1年可达100元以上。苍蝇、蚊子也是疾病传染源，因此在灭鼠的同时也要注意灭蚊蝇。

（四）年龄与疾病对产蛋率的影响

1. 年龄对产蛋率的影响

蛋鹌鹑一般35~40日龄开始产蛋，45日龄产蛋率可达50%，65~70日龄达产蛋高峰，且产蛋高峰维持时间较强，12月龄前，产蛋率可一直保持在80%以上。12月龄后，鹌鹑产蛋率虽然也可保持在80%左右，但死淘率和料蛋比不断增加，蛋壳硬度差，鹌鹑蛋破损率高，严重影响了饲养期间的经济效益，继续饲养下去经济上不划算，所以一般蛋鹌鹑饲养期不超过12个月。

2. 疾病对产蛋率的影响

疾病对鹌鹑产蛋率的影响很大，尤其以鹑白痢、大肠杆菌病对产蛋率的影响最大。鹌鹑感染白痢病后，病程可达几个月，在衰竭死亡之前，除可进行垂直传染外，还会发生水平传染，使整笼或某一层群体发病，可使产蛋率下降20%以上，并且蛋壳品质严重下降。根除鹑白痢的最好方法是种鹑全群进行全血平板凝集试验，将带菌种鹑全部淘汰，从而杜绝垂直传染。大肠杆菌病也能给鹌鹑养殖带来巨大的经济损失。该病发生后，不仅可使鹌鹑产蛋率下降20%~30%，而且鹌鹑蛋品质严重下降，沙皮蛋、白亮蛋、褐壳蛋明显增加，在整个鹌鹑饲养过程中，大肠杆菌病带来的经济损失，可占综合损失的50%以上。对于该病，主要采取以预防为主的原则，平时要注意饲料、饮水及环境的卫生，也可根据鹌鹑蛋壳的硬度及颜色变化饲喂一些广谱抗菌药，同时要建立严格的消毒防疫制度。

六、提高鹌鹑冬季产蛋率的技术措施

入冬以后，气温渐低，日照渐短，大部分鹌鹑产蛋量下降，甚至停产。要使鹌鹑冬季持续平稳产蛋，饲养上必须采取以下5项措施。

（一）保温

鹌鹑适宜的产蛋温度为26℃左右，进入冬季后，由于外界气温较低，因此，在严冬或早春应采取保温增温措施，夜间在笼上要加盖保温物件，适当加大笼养密度，每平方米可饲养80~90只。或者在背风向阳的地方搭双层塑料大棚（两层薄膜间隔5~10厘米）养鹌鹑；也可以建双层鹑舍，夹层中填充谷壳、煤渣、锯末等，夜间加盖草帘保温。

（二）增加光照

产蛋鹌鹑每天需要16~17小时光照时间。冬天由于日照缩短，所以需要人工补充光照，一般每30~40米^{2}鹑舍配1个40瓦白炽电灯，每天天亮前2小时开灯，天黑后2小时关灯，保持稳定的光照度和时间。

（三）饲料营养平衡

应饲喂营养全面的配合饲料，并供给适量沙粒让鹌鹑自由采食，以促进消化。全天供给清洁干净的温水。

（四）保持环境安静

鹌鹑胆小，受惊后产蛋率下降或产软壳蛋。在日常饲喂、捡蛋、清粪、加水时动作要轻，不要轻易更换饲养人员。与夏季管理一样，日常继续保持笼舍、饮食具清洁卫生。每立方米空间用 25 毫升福尔马林、12.5 克高锰酸钾熏蒸消毒。每隔 7~14 天用 2%~3% 的来苏儿水对舍内外食具消毒一次，冬季鹌鹑笼养一般比较密集，一旦发病，及时隔离治疗。7~14 天用 2%~3% 的来苏儿水对舍内外食具消毒 1 次。

（五）及时防病

冬季鹌鹑笼养一般比较密集，容易发病，所以要做好消毒防疫措施，发现病鹑要及时隔离治疗。

第五节　肉用鹌鹑的饲养管理

肉用鹌鹑是指供肉食用的鹌鹑。产蛋 1~1.5 年的母鹌鹑，如果产蛋率低于 30% 时也应育肥后出售。肉用仔鹌鹑采用"全进全出制"方式饲养，一般在 50 日龄前便已育成。肉鹑的饲养管理与蛋鹑差不多，首先也要做好育雏前的准备工作（见本章第一节）。

一、肉鹑适宜的饲养环境

（一）温度

合适的温度是养好肉鹑的首要条件，肉雏鹑适宜的温度指标见表 7-4。当商品鹑长到 25~30 日龄时，即可放入笼中肥育，育肥期鹌鹑舍温宜保持在 20~25℃。

表 7-4　肉雏鹑适宜的温度指标

日龄	床温	室温
0~6	37~38℃	
7~12	32~35℃	
11~15	30~35℃	
13~18	30~32℃	
19~30	25℃左右	24~28℃

（二）饲养方式与密度

肉用鹌鹑以多层笼养为宜。当商品鹑长到 25~30 日龄时，即可放入笼中肥育。产蛋 1~1.5 年的母鹌鹑，如果产蛋率低于 30% 时也应育肥后出售。育肥期要按公母、大小、强弱分群饲养，饲养密度要随日龄的增加作调整，1 周龄 150 只/米^2，2 周龄 100 只/米^2，3 周龄 80 只/米^2，4 周龄 60 只/米^2，5 周龄以后作为商品鹑用 80~85 只/米^2，做种用的密度要适当小一些。

（三）通风

肉用鹌鹑的采食量较大，新陈代谢旺盛，若舍内通风不好，氧气不足，会严重影响鹌鹑的正常生长。因此，必须保持鹌鹑舍通风良好，空气新鲜，在冬季要注意处理好通风与保温的矛盾。

（四）光照

肉用鹌鹑在育雏期需要较长的光照时间，自 21 日龄起，采用开灯 1 小时、黑暗 3 小时的断续光照，能减少鹌鹑的活动量，促进其迅速增重。光线不要太强，以鹌鹑能看到采食并减少对鹌鹑的光刺激为原则，一般以 5 勒为佳，做种用的肉鹑，21 日龄后光照时间以 16 小时为佳。

二、肉鹑的饲料与饲喂方式

肉用鹌鹑对饲料中的能量和蛋白质的需求量较高。据试验研究，育雏期（1~3周龄）饲料中蛋白质含量27%~28%，代谢能12.55兆焦/千克；育肥期（4~6周龄）蛋白质含量18%~24%，代谢能13.35兆焦/千克较为合适。因此，在育雏饲料中应添加适量的鱼粉、蛋氨酸、赖氨酸等，以提高饲料的品质。育肥饲料以玉米、碎米、麦麸、稻谷等含碳水化合物多的饲料为主，可占日粮的75%~80%。肉用鹌鹑每昼夜喂4~6次，以吃饱为止，饲料要少喂勤添，饮水要保持清洁充足。

三、肉鹑的日常管理

肉用鹑与蛋用鹑的管理原则基本相似，只是其饲养标准较高，欧美国家采用"平—笼"结合方法，即前期平养，20日龄后笼育，也有的于25日龄后再转入育肥笼育肥。

① 室温应保持在18~25℃，对光照反应敏感，采用1小时光照、3小时黑暗交替的光照制度，不仅可降低料肉比，而且还可提高成活率。照明时间不宜超过12小时，光照采用暗光（10勒克斯）为佳。

② 每天早晨要观察鹌鹑活动状况，如精神状态是否良好，采食、饮水是否正常，发现问题，要找出原因，并立即采取措施。

③ 勤检查与调整室内的温度、湿度、通风、光照，鹑舍要通风、干燥、清洁，定期用3%~5%来苏儿溶液进行消毒。

④ 保持环境安静，防止惊群。肉鹌鹑性情温顺，行动比较迟缓，善于休息，在环境适宜无干扰的条件下，吃饱喝足后大部分时间处于休息状态，很少走动。鹌鹑易受惊，因此在喂料、出粪时动作要轻、慢，尽量减少声响，非工作人员严禁随便出入鹑舍。

⑤ 按时饲喂，保证饲料与饮水供应，饮水器每天清洗1~2次，保证全天供给充足清洁的饮水。

⑥ 每日除粪1~2次，保持鹌鹑舍干燥、清洁，空气新鲜。

⑦ 做好防疫消毒制度。按时预防接种，发现病雏，及时隔离治疗。为预防疾病，每周进行1次肠道消毒，即喂1次高锰酸钾溶液（颜色微红即可）。

四、肉鹌鹑的出售

适时上市可获得较低的料肉比，节约成本。肉鹑育肥2~3周后，体重达到120~140克，将鹌鹑拿到手里有充实感，将翅膀根部羽毛吹起，看到皮肤颜色为白色或淡黄色时即可出售。

第八章

鹌病防治基础知识

第一节 疾病预防

鹌鹑抗病力较强，只要平常做好饲养管理、消毒、免疫等工作，一般不易发病，但一旦发病治疗效果不是太好，所以在生产实践中，我们要本着预防为主、治疗为辅的原则。

一、搞好日常卫生消毒工作

（一）搞好清洁卫生工作

良好的卫生条件是预防疾病的最好办法。所以鹌鹑舍要每天打扫干净，保持地面干燥清洁，水槽、料槽要每天刷洗干净、鹌粪每天清理1~2次。

（二）做好消毒工作

1. 要有消毒设施

鹌舍出入口要设消毒池，禁止外人随便出入，工作人员进入鹌舍要换工作鞋和工作服。

2. 定期消毒

鹌舍和饲养箱要定期消毒（消毒方法见第六章第一节），也可用氢氧化钠配成2%~3%的溶液对鹌舍、墙壁、地面排泄物等消毒。

3. 带鹑消毒

鹌鹑在整个饲养期内,要定期使用有效消毒剂对鹌鹑舍内环境和鹌鹑体表用高压喷雾器进行喷雾,以杀灭或减少病原微生物,达到预防性消毒的目的。常用消毒药使用浓度为:过氧乙酸(0.3%)、新洁尔灭(0.1%)、次氯酸钠(0.2%~0.3%)、百毒杀(1:400)。

4. 环境消毒

鹌鹑舍周围环境每2~3个月要用火碱液消毒或撒生石灰1次;场周围及场内污水池、排粪坑、下水道出口,每1~2个月用漂白粉消毒1次。

二、做好免疫接种工作

免疫接种是减少鹌鹑发病、降低淘汰率、提高养殖效益的有效手段之一。种用鹌鹑的免疫程序28日龄以前和商品蛋鹑的免疫程序相同,只是在40日龄接种慢性呼吸道病疫苗,45日龄肌内注射传染性法氏囊油苗,每只0.5毫升,其他免疫程序和商品蛋鹑的免疫程序相同。种鹌鹑和商品蛋鹑的免疫程序见表8-1和表8-2,供同行参考。

表8-1 种鹌鹑的免疫程序

日龄	疫苗种类	使用方法	备注
1日龄	马立克氏苗	皮下注射	
5日龄	传染性法氏囊弱毒苗	滴口或饮水	
10日龄	新城疫Ⅳ系或克隆30	滴鼻或点眼	
15日龄	传染性法氏囊弱毒苗	滴口或饮水	
28日龄	新支二联	滴鼻或点眼	同时用新城疫油苗皮下注射
40日龄	支原体疫苗	按说明书使用	
45日龄	传染性法氏囊弱毒苗	皮下注射	
200日龄	新支二联	肌注	同时用新城疫Ⅳ系饮水

表 8-2 蛋鹌鹑的免疫程序

日龄	疫苗种类	使用方法	备注
1 日龄	马立克氏苗	皮下注射	
5 日龄	传染性法氏囊弱毒苗	滴口或饮水	
10 日龄	新城疫Ⅳ系或克隆30	滴鼻或点眼	
15 日龄	传染性法氏囊弱毒苗	滴口或饮水	
28 日龄	新支二联	滴鼻或点眼	同时用新城疫油苗皮下注射
200 日龄	新支二联	肌注	同时用新城疫Ⅳ系饮水

三、加强饲养管理

平时要注意加强饲养管理，饲喂平衡的全价饲料，按时饲喂，勤观察鹌鹑的精神状况，发现问题查找原因，及时解决。

四、鹌鹑粪污的无害化处理

鹌鹑养殖场的废弃物，主要是指鹌鹑的粪便、各种污水、死鹑，以及孵化场的蛋壳、死胚和屠宰后产生的羽毛等副产物。养殖场废弃物的处理是控制鹌鹑环境卫生的重要环节，也是保持和促进养殖场生态良性循环不可缺少的部分。废弃物的科学处理，不仅直接影响到养殖场的卫生防疫，还能减少污染，改善生态环境，同时也可以收到很好的经济效益。

（一）鹌鹑粪的合理利用

1. 可作为家畜和鱼的饲料

鹌鹑粪是养鹌鹑生产的副产品，一只成年鹌鹑每天可排泄粪便30克左右，干燥后得12克左右，全年可积干鹑粪4千克以上。鹌鹑粪中含有蛋白质高达20%以上，是养猪、养牛、养羊和喂鱼的好饲料，因此，在每天清除鹌鹑粪时，应仔细收集，干燥后保存。收集的方法很简单，在每层鹌鹑底下承粪盘上撒满一薄层麸皮，次日清晨将承粪盘抽出，将鹌鹑粪连同麸皮一起倒入桶中，然后运到晒场晒干，装入饲料空袋，可当饲料销售或自用。如果遇上阴雨天气，不能晒干时，可将鹑粪连同养鹑室地面上的垫料一起，直接饲喂猪、牛、羊和鱼。但值得注意的是，鹑粪饲喂家畜时，一开始饲喂数量不能太多，要慢慢逐渐增加。喂鱼直接投入鱼池中就可以了。在家畜屠宰前一个月要停止饲喂，以免影响肉质。

2. 可作为优良的有机肥料

鹌鹑粪含有丰富的氮、磷、钾等元素，是一种优良的有机肥料，但需经过充分发酵、腐熟后才能施用。

（二）鹌鹑场的污水处理

养鹑场的污水，主要来自清粪和冲洗鹑舍后的排放粪水以及孵化和屠宰加工等冲洗排放的污水。处理污水的方法有物理处理法、化学处理法和生物处理法3种。

1. 物理处理法

物理处理法主要利用物理作用，将污水中的有机物、悬浮物、油类及其他固体物质分离出来，有过滤法、沉淀法和固液分离法3种。

（1）过滤法　过滤法就是将污水通过具有孔隙的过滤装置而使污水变得澄清的过程。这是鹑场污水处理工艺流程中必不可少的部分。常用的简单设备有格栅或网筛。鹑场过滤污水采用的格栅由一组平行钢条组成，略斜放于污水通过的渠道中，用以清除粗大漂浮和悬浮物质，如饲料袋、塑料袋、羽毛、垫草等，以免堵塞后续设备的孔洞、闸门和管道。

（2）沉淀法　利用污水中部分悬浮固体密度大于水的原理使其在重力作用下自然下沉并与污水分离的方法，是污水处理中应用最广的方法之一。沉淀法可用于在沉沙池中去除无机杂粒，在一次沉淀池中去除有机悬浮物和其他固体物，在二次沉淀池中去除生物处理产生的生物污泥，在化学絮凝法后去除絮凝体，在污泥浓缩池中分离污泥中的水分，使污泥得到浓缩。

（3）固液分离法　是将污水中的固性物与液体分离的方法，可以使用固液分离机。目前常见的分离机有旋转筛压榨分离机和带压轮刷筛式分离机，其他的还有离心机、挤压式分离机等。

2．化学处理法

利用化学反应的作用使污水中的污染物质发生化学变化而改变其性质，最后将其除去，有絮凝沉淀法和化学消毒法两种。

（1）絮凝沉淀法 是污水处理的一种重要方法。污水中含有的胶体物质、细微悬浮物质和乳化油等，都可以采用该法进行处理。常用的絮凝剂有无机的明矾、三氯化铁、硫酸亚铁和硫酸铝等，有机高分子絮凝剂有十二烷基苯磺酸钠、聚丙烯酰胺、羧甲基纤维素钠、水溶性脲酸树脂等。在使用这些絮凝剂时还需用一些助凝剂，如无机酸或碱、漂白粉、膨润土、酸性白土、活性硅酸和高岭土等。

（2）化学消毒法 鹌场的污水中含有多种微生物和寄生虫卵，若暴发传染病时，所排放的污水中就可能含有病原微生物。因此，采用化学消毒的方式来处理污水就十分重要。经过物理、生物法处理后的污水再进行加药消毒，可以回收用作冲洗圈栏以及一些用具，可节约鹌场的用水量。目前，用于污水消毒的消毒剂有液氯、次氯酸、臭氧和紫外线等，生产实践中以氯化消毒法最为方便有效，经济实用。

3．生物处理法

生物处理法的原理是利用微生物的代谢作用分解污水中的有机物而达到净化的目的，有氧化塘法、活性污泥法和厌氧生物处理法3种。

（1）氧化塘法 是将自然净化与人工措施结合起来的污水生物处理技术，主要是利用塘内细菌和藻类共生的作用处理污水中的有机污染物。污水中的有机物由细菌进行分解，而由细菌赖以生长、繁殖所需的氧，则由藻类通过光合作用来提供。根据氧化塘内溶解氧的主要来源和在净化作用中起主要作用的微生物种类，可分为好氧塘、厌氧塘、兼性塘和曝气塘4种。氧化塘可利用旧河道、河滩、无农用价值的荒地、鹌场防疫沟等，基建投资少。氧化塘的面积与污水的水质、流量和塘的表面负荷等有关，须经计算确定，氧化塘占地面积较大，处理效果受气候的影响，如越冬问题和春、秋翻塘问题等。如果设计、运行或管理不当，可能形成二次污染，如污染地下水或产生臭气。

（2）活性污泥法　由无数细菌、真菌、原生动物和其他微生物与吸附的有机及无机物组成的絮凝体称为活性污泥，其表面有一层多糖类的黏质层。活性污泥有巨大的表面能，对污水中悬浮态和胶态的有机颗粒有强烈的吸附和絮凝能力，在有氧存在的情况下，其中的微生物可对有机物发生强烈的氧化分解作用。利用活性污泥来处理污水中的有机污染物的方法称为活性污泥法。该法的基本构筑物有生物反应池（曝气池）、二次沉淀池、污泥回流系统及空气扩散系统。

（3）厌氧生物处理法　相当于沼气发酵，根据消化池运行方式不同，可分为传统消化池和高速消化池。传统消化池投资少、设备简单，但消化速率较低，消化时间长，易受气温的影响，污水须在池内停留30~90天，多为南方小规模畜禽场和养殖专业户采用。高速消化池设有加热和搅拌装置，运行较为稳定，在中温（30~35℃）条件下，一般消化期15天左右，常被大型畜禽场广泛采用。近年来根据沼气发酵的基本原理，发展出一种填充介质沼气池，如上流式厌氧污泥床、厌氧过滤器等。其特点是加入了介质，有利于池中微生物附着其上，形成菌膜或菌胶团，从而使池内保留有较多的微生物量，并能与污水充分接触，可提高有机物的消化分解效率。

（三）垫料处理

1. 堆贮

肉用仔鹌粪和垫料的混合物可以单独地堆贮。为了使发酵作用良好，混合物的含水量应调至40%，混合物在堆贮的第4~8天，堆温达到最高峰（可杀死多种致病菌），保持若干天后，堆温逐渐下降与气温平衡。经过堆贮后的鹌粪与垫料混合物可以饲喂牛、羊等反刍动物。

2. 直接燃烧

在采用垫草平养时，由于清粪间隔较长，只要舍内通风良好且饮水器不漏水，那么收集到的鹌粪垫料都比较干燥。如果鹌粪垫料混合物的含水率在30%以下，就可以直接用作燃料来供热。据估算，一个较大型的鹑场，如能合理充分地利用本场生产的鹑粪垫料混合物作燃料，基本上就能满足本场的热能需要。当然，鹑粪垫料混合物的直接燃烧需要专门的燃烧装置，因此事先需要一定的投资。如果鹑场暴发某种传染病，此时的垫料必须用焚烧法进行处理。

3. 生产沼气

由于粪便垫料混合物中含有较多的垫草，垫草中含的碳氮元素比较合适，作为沼气原料使用起来十分方便。

4. 直接还田用作肥料

如果用的垫料是碎的锯末屑、稻草或其他秸秆，可直接还田。

（四）羽毛处理和利用

禽类的羽毛上附着有大量病原微生物，如果不经加工处理而随地抛撒，则有可能造成疾病的四处传播。羽毛中蛋白质含量高达85%，其中主要是角蛋白，其性质极其稳定，一般不溶于水、盐溶液及稀酸、碱，即使把羽毛磨成粉末，动物肠胃中的蛋白酶也很难对其进行分解和消化。

1. 羽毛的收集

羽毛收集方法大多是在换羽期用耙子将地上的羽毛耙集在一起，再装入筐收贮。

2. 羽毛的加工处理

处理羽毛的关键是要破坏角蛋白稳定的空间结构，使之转变成能被畜禽所消化吸收的可溶性蛋白质，有高温高压水煮法、酶处理法和酸水解法3种方法。

（1）高温高压水煮法　将羽毛洗净、晾干，置于120℃、450~500千帕条件下用水煮30分钟，过滤、烘干后粉碎成粉。此法生产的产品质量好，试验证明，该产品的胃蛋白酶消化率达90%以上。

（2）酶处理法　从土壤中分离的细黄链霉菌及从人体和哺乳动物皮肤分离的真菌——粒状发癣菌，均可产生能迅速分解角蛋白的蛋白酶。其处理方法为：羽毛先置于pH值>12的条件下，用细菌链霉菌等分泌的嗜碱性蛋白酶进行预处理，然后，加入1~2毫克/升盐碱，在温度119~132℃、压力98~215千帕的条件下分解3~5小时，经分离浓缩后，可得到一种具有良好适口性的糊状浓缩饲料。

（3）酸水解法　其加工方法是将瓦罐中的6~10毫克/升盐酸加热至80~100℃，随即将已除杂的洁净羽毛迅速投入瓦罐内，盖严罐盖，升温至110~120℃，溶解2小时，使羽毛角蛋白的双硫键断裂，将羽毛蛋白分解成单个氨基酸分子。再将上述羽毛水解液抽入瓷缸中，徐徐加入9毫克/升氨水，并以45转/分钟的速度进行搅拌，使溶液pH值中和至6.5~6.8。最后，在已中和的水解液中加入麸皮、血粉、米糠等吸附剂，当吸附剂含水率达50%左右时，用55~56℃的温度烘干，并粉碎成粉，即成产品，但加工过程会破坏一部分氨基酸，使粗蛋白含量减少。

3. 羽毛蛋白饲料的利用

（1）鸡饲料　国内外大量试验和多年饲养实践证明，在雏鸡和成鸡日粮中配合2%~4%的羽毛粉是可行的。

（2）猪饲料　研究表明，羽毛粉可代替猪日粮中5%~6%的豆饼或国产鱼粉，在二元杂交猪日粮中加入羽毛蛋白饲料5%~6%，与等量国产鱼粉相比，经济效益可提高16.9%。但配比不能过高，否则，不利于猪的生长。

（3）毛皮动物饲料　胱氨酸是毛皮动物不可缺少的一种氨基酸，而羽毛蛋白饲料中胱氨酸含量高达4.65%，故羽毛蛋白是毛皮动物饲料的一种理想的胱氨酸补充剂。

（五）孵化废弃物处理

孵化废弃物（包括蛋壳、毛蛋、白蛋和血蛋）经高温消毒、干燥处理后，可制成粉状饲料加以利用。孵化废弃物中有大量蛋壳，故其钙含量非常高。有试验表明，在生长鹌鹑饲料中可用孵化废弃物加工料代替至少6%的肉骨粉或豆饼，在蛋鹌饲料中则可占到16%。此外，用蛋壳粉可以代替饲料中其他钙补充料。

（六）病死鹌鹑处理

养鹑场的病死鹌鹑要焚烧或深埋。

第二节　鹌鹑的常见疾病及其防治

鹌鹑常见传染病有新城疫、马立克氏病、支气管炎、溃疡性肠炎、鹑白痢、霍乱、曲霉菌病等；寄生虫病有球虫病、蛔虫病、石灰脚病等；中毒病有食盐中毒；普通病常见有感冒、脱肛、啄癖等。

一、传染病及其防治

（一）新城疫

新城疫是由新城疫病毒引起的一种急性败血性传染病。鹌鹑新城疫多在新城疫流行后期发生，该病毒侵入机体后引起败血症，死亡率较高。

1. 病因

该病由新城疫病毒引起，病禽的唾液、粪便等均含有大量病毒，通过饲料、饮水和用具传染健康禽，病禽在咳嗽或打喷嚏时，也可通过空气传播病毒，该病毒侵入机体后引起败血症，死亡率较高。本病一年四季均可发生，但以春秋两季多发。

2. 症状

最急性型，发病迅速，一般不显示临床症状，突然死亡。急性型，病初体温升高，精神不振，食欲减少或废绝，但喜饮，倒提时口腔内流出大量黏液，行走迟缓，离群呆立，闭目缩颈，翅尾下垂，冠和肉髯呈紫色；呼吸困难，常发出喘鸣声；腹泻严重，拉黄白或黄绿色粪便且有时含有血液；产蛋鹑产蛋量下降，软壳、白壳蛋增多，病程长的出现腿麻痹、共济失调等神经症状。一般2~3天死亡,以40~70日龄的鹌鹑发病较多,7月龄以上发病率较低,成鹑产蛋率下降。慢性型,发病后期多见,神经症状明显,呈兴奋、麻痹及痉挛状态,动作失调,步态不稳,头颈歪斜,时而抽搐,常出现不随意运动;羽翼下垂,体况消瘦,时有腹泻,最后死亡。

最近几年其流行症状呈现非典型症状,表现精神萎靡不振,采食量和产蛋率均出现较大幅度下降,有零星的死亡现象。粪便颜色呈现浅绿色、偏稀,有轻微的呼吸道症状,尤其在晚上更加明显,其他的如神经症状在慢性病例中可以出现。

3. 剖检变化

其病变为喉头、气管内有透明分泌物,气管环充血,肺淤血;腺胃乳头出血,挤压有脓性分泌物,严重的形成溃疡;肌胃角质膜下黏膜出血;十二指肠黏膜点状出血,直肠有条纹状出血;心冠脂肪有针尖大的出血点,肾脏淤血、肿大。

4. 防治

该病无特效治疗药物,应以预防为主。首先要加强饲养管理,严禁鹌鹑舍内混养其他家禽,饮水中加入多种维生素以提高抵抗力,减少应激反应。经常保持鹑舍及运动场的清洁卫生,坚持定时消毒,淘汰已经发病、体弱的鹌鹑。其次患病鹌鹑应予淘汰,健康鹌鹑要严格执行免疫接种,采用新城疫Ⅱ系疫苗饮水免疫,连续3次。第一次在4日龄,用Ⅱ系弱毒疫苗1毫升加凉开水1 000毫升稀释后供饮,每1 000只雏鹌鹑需饮水15 000毫升;第二次在20日龄,约饮水2 000毫升;第三次在50日龄,约5 000毫升。在饮水免疫的前一夜停止供水,造成鹌鹑有渴感,次晨放入有疫苗的水,使所有鹌鹑均能饮到水,且在2小时内饮完。一旦发病,可采用以下方法治疗。

① 每只发病鹌鹑肌注0.5毫升新城疫卵黄抗体。

② 对全群鹌鹑采用Lasota系疫苗滴鼻、滴眼进行紧急预防接种。

③ 用百毒杀对舍内环境、饲槽及用具等进行彻底消毒,同时舍内要保持良好的通风。

④ 给全群鹌鹑饮用口服补液盐(ORS),可提高鹌鹑的抗病能

力。每 200 克用 10 千克清洁饮水稀释，并加入 10 毫升亚硒酸钠维生素 E 注射液，让其自由饮用，连饮 7 天。

⑤ 平时要搞好环境卫生及消毒工作，进行科学饲养管理，增强抗病力。

（二）马立克氏病

1. 病因

马立克氏病是鹌鹑常发的一种病毒性疾病。该病是由马立克氏病疱疹病毒引起的一种慢性、消耗性、以肿瘤为特征的危害性很大的传染病。该病毒通过羽毛传播，也可通过接触传染和饲料传播。鹑场一旦发生此病很难根除，病鹑发病 5 个月后排毒，70 日龄以后才表现症状。

2. 症状

病鹑表现为精神不振，产蛋率下降，严重者脚瘫软，胫部着地行走，易误诊为维生素 B_2 缺乏症，最后拉绿色稀粪，衰竭而死。剖检时常见内脏型，表现为心脏、肺、腺体、胃、肝、肾、睾丸或卵巢出现单个或多个肿瘤。

3. 剖检变化

肌肉、内脏、皮肤广泛性肿瘤。肝、脾肿大，表面有大小不等的白色肿瘤。心脏肌肉有大小不等白色肿瘤。肾脏肿大，严重者全部呈肿瘤。卵巢似菜花样肿瘤。肠道、肠系膜、胰、腺胃、肌胃等肿瘤病变明显，手摸变硬，肠道有时有菜花样肿瘤，形成梗阻。坐骨神经水肿出血。

4. 防治

本病无特效药物治疗，应以预防为主。幼鹑出壳后 24 小时内注射液氮苗 CV1988，每只雏鹑皮下注射 0.2 毫升。注射马立克疫苗对鹌鹑有较高的保护率，但不能保护 100% 的鹌鹑不发病。幼鹑对本病易感，出壳后即使接种了马立克疫苗，但 20 日龄以内如果有马立克病的野毒感染则发病率还很高。因此，加强育雏前、育雏期的消毒和隔离非常重要，也是预防本病发生的关键所在。

（三）霍乱

鹌鹑霍乱又称鹌鹑出血性败血病，也称为鹌鹑巴氏杆菌病。当鸡、鸭发生霍乱时常传入鹌鹑场。

1. 病因

该病是由多杀性巴氏杆菌引起的一种急性或亚急性传染病，常呈地方性暴发流行，有时发病率和死亡率都很高。各龄期的鹌鹑都有易感性，但育成鹑和产蛋鹑的易感性更高。

2. 症状

最急性者可无明显症状而突然死亡。多数病鹑表现精神委顿，羽松嗜睡，食欲下降或停止食欲，饮水增加，腹泻下痢，排黄绿色稀粪，味恶臭，成鹑产蛋率降低或停止产蛋。

3. 剖检变化

出血性败血症，心脏冠状脂肪出血，心包内有淡黄色积液。肝脏和脾脏有针尖大小的灰白色坏死灶，肝脏质地变硬，有时肿大。肠道出血，特别是十二指肠出血严重。肠道内容物中含有血液或黄色黏液。

4. 防治

多杀性巴氏杆菌病是一种高度致死性的烈性传染病，一旦暴发流行将可能造成很大的经济损失，因此，必须认真做好各项预防工作。除一般性综合防疫措施外，疫区应坚持接种禽霍乱菌苗，同时密切注意本地区各禽鸟养殖场的疫情动态，严格做好隔离消毒和生物安全性工作。多种抗菌药物，如链霉素、土霉素、四环素、新霉素、庆大霉素等抗生素，磺胺嘧啶、磺胺二甲嘧啶、复方新诺明等磺胺类药物对本病都有治疗和预防作用。

① 用0.2%四环素混入料中饲喂3天。

② 用0.01%~0.02%利高霉素或强力霉素、氟哌酸、环丙沙星、恩诺沙星饮水3~5天。

③ 病鹑肌注链霉素2万~3万单位/只，1日1次，连用2~3天，在用药的同时，应对鹑舍、场地、设备、用具等进行全面而严格

的消毒，待鹌群康复后，应及时接种菌苗，以防复发。

（四）鹌鹑痘

鹌鹑痘是由禽病毒引起的一种急性、热性、接触性传染病，特点是皮肤或黏膜出现斑疹、丘疹、水泡及脓疱等。

1. 病因

该病由禽病毒引起，主要通过呼吸道感染，病毒也可通过损伤的皮肤和黏膜侵入机体。冬末春初易流行。禽痘病毒在外界环境中能存活较长时间，但直射阳光、甲醛溶液等容易将其杀死。

2. 症状

痘诊发生于头部、腿、脚、肛门和翅膀内侧的无毛区。眼睑内充满干酪样渗出物，口腔感染伴有鼻炎症状，口腔或食道感染，可见到白喉性假膜。

3. 剖检变化

咽喉部、口腔黏膜有白色不透明的假膜或突起的小结节，然后形成黄色干酪样物堵塞喉头使鹌鹑窒息死亡。

4. 防治

① 做好鹑舍的消毒和除蚊灭虫工作，发现鹌鹑得病要及时隔离并对鹌鹑舍进行灭蚊、蝇等工作。

② 挑剪患处痘痂，取 0.2% 的高锰酸钾洗涤病变处，然后涂上紫药水或 20% 蜂胶酊涂擦，每天 1~2 次，连续 3 天左右。

③ 用碘甘油涂擦患部或涂以皮康霜软膏、四环素软膏、磺胺软膏等。

（五）鹌鹑支气管炎

鹌鹑支气管炎是鹌鹑支气管炎病毒（QBV）所引起的一种急性、高度传染性呼吸道疾病。特点是打喷嚏、咳嗽、流泪、鼻窦发炎、呼吸困难，蔓延迅速，死亡率高。鹌鹑发病率高达 100%，死亡率为 50%~100%。

1. 病因

由鹌鹑支气管炎病毒（QBV）所引起，QBV通过接触及空气传播。

2. 症状

潜伏期4~7天。病鹑精神委顿，结膜发炎，流泪，鼻窦发炎，甩头，打喷嚏，咳嗽，呼吸迫促，气管啰音，常聚堆在一起，群居一角，时而出现神经症状。成鹑产蛋下降，产畸形蛋。肝有时发生坏死病变；腹膜发炎，腹腔有脓性渗出物，肺、气管发炎有病变，内有大量黏液；气囊膜混浊，呈云雾状，有黏性渗出物。

3. 剖检变化

鸣管处有干酪样栓塞物堵塞或黏液堵塞，气囊浑浊。眼结膜发炎，角膜雾状。鼻窦和眶上窦充血。成年鹌鹑剖检可见气管下1/3处有出血，鸣管、支气管出血，内有分泌物。卵巢发育正常，输卵管囊肿或发育不良，无产蛋能力。

4. 防治

① 患病期间在饲料与饮水中添加0.04%~0.08%的土霉素或金霉素，并适当提高雏室及鹑舍的温度，改善通风条件，可减少死亡。

② 加强防疫工作，严防带毒者与鹌鹑接触。

③ 发病期停止孵化，病鹑不可作种用，发病群的种鹑要淘汰。

（六）大肠杆菌病

该病是由致病性大肠杆菌引起的细菌性传染病，包括急性败血症、脐炎、气囊炎、肝周炎、肠炎、关节炎、肉芽肿和卵黄性腹膜炎等。该病是一种条件性疾病，改善环境是预防该病发生的有效措施。

1. 病因

由大肠杆菌引起，主要通过消化道传染，蛋被粪便污染也是重要传染途径。各龄期的鹌鹑都可感染发病，产蛋鹑发病较重。

2. 症状

潜伏期1~3天，病鹑精神不振，羽毛松乱，两翼下垂，离群独处，食欲减退或废绝，渴欲增加，饮水多，腹泻，排黄白或黄绿色粪便,肛周围污染有蛋白或蛋黄状物,最后站立不稳倒地而死。

3. 剖检变化

心包炎,心脏表面有白色胶冻样附着物。心包内有黄色液体。肝周炎,肝脏表面有纤维膜包裹,似凉皮样。气囊、肠系膜发炎增厚。肝脏表面有时会有针尖大小的黄白色或灰白色坏死灶。盲肠内可能有灰白色、白色或灰褐色硬性栓子。肠道黏膜有火山口样肉芽肿,有时肉芽肿呈现黄豆样大小不等的病变。

4. 防治

多种抗生素和磺胺类药物对本病都有防治作用。

① 卡那霉素按每千克体重30~40毫克肌注,一天1次,连用3天。也可根据实际情况选用庆大霉素按2 000国际单位/只的标准混饮,连用3~5天(对重病不饮者要进行人工灌服),并在饲料中增加多维素的添加量。

② 坚持种蛋定时消毒,定期清洗、消毒鹌鹑舍和一切用具,育雏室保温,适当调整雏群密度,保持通风良好。

(七)白痢

1. 病因

该病由鸡白痢沙门氏杆菌引起,带菌的母鹌产的蛋内常常有白痢杆菌存在,经孵化后雏鹌患先天性白痢。此外,通过被病原菌污染的粪便、绒毛、尘埃、饲料、饮水、器具等,经消化道、呼吸道、眼结膜、泄殖腔或精液等在鹌鹑群中传播。

2. 症状

病鹌虚弱,怕冷聚堆,闭目垂头,两腿叉开,双翅下垂,食欲大减,拉白色稀粪,常黏附肛门周围,泄殖腔内有白色恶臭稀粪。重者卵巢变绿色,输卵管被白色坚硬物充满,黏膜肿胀充血。初生3~4日龄的病雏多为急性死亡,有个别体质较强的能耐过而变为阴性带菌者。

3. 剖检变化

肝脏表面有针尖大小的坏死灶,小肠和十二指肠壁出血严重。小肠、盲肠上有灰白色坏死灶，泄殖腔内有白色恶臭稀粪。盲肠有灰白色硬性结块。

4. 防治

① 青霉素每只幼鹌 1000 单位稀释于水中，连喂 5 天。

② 不用带白痢菌的种蛋孵化。

③ 鹌舍要彻底清扫消毒。

（八）霉形体病

1. 病因

霉形体病是鹌鹑一种常见的呼吸道传染病，任何龄期的鹌鹑均可发病，冬春季节尤为多发。

2. 症状

病鹑主要表现呼吸困难，常张口呼吸，发出"咕噜"的声音，这是本病的特征病状。慢性消瘦，羽毛松乱，失去光泽。

3. 防治

① 0.1%~0.2% 的土霉素、四环素混料，连喂 5~7 天。

② 0.01%~0.02% 的红霉素、强力霉素、利高霉素、环丙沙星、恩诺沙星饮水，每个疗程 5~7 天。

③ 加强饲养管理，减少不良应激。

（九）鹌鹑溃疡性肠炎

溃疡性肠炎是一种产气荚膜梭菌引起的以肠道溃疡和肝脏坏死为特征的传染病。这种病最早发现于鹌鹑，故又称鹌鹑病。该病主要通过消化道感染，苍蝇是本病的主要传染媒介。饲喂不清洁、腐败变质饲料，鹑舍潮湿，易诱发该病发生，4~12 周龄的鹌鹑最易感染。

1. 病因

鹌鹑溃疡性肠炎由肠道梭菌感染发病，通过消化道传播。带菌禽和病禽的粪便污染的笼舍、饲料及饮水，都能传播本病。

2. 症状

病鹑精神极度委顿，双目紧闭，拱背，拉白色水样粪便，缩颈，羽毛松乱，食欲减少或废绝，后期严重消瘦，若不及时治疗，雏鹌死亡率可达100%。解剖尸体，发现肠壁有小点样出血，随着病程延长，肠道发生坏死和出现溃疡；肝脏出现黄色斑点状坏死；脾充血、肿大。

3. 剖检变化

特征性病变是十二指肠和小肠严重出血，小肠和盲肠有灰黄色坏死灶，早期病灶为小黄点，边缘出血溃疡，溃疡血积逐渐增大，出血边缘消失，呈扁圆形。严重病症者溃疡融合成大的坏死斑块，盲肠的溃疡有一中心凹陷，中间有黑色填充物。肝充血、出血和肿大，有轻度黄色斑点状坏死区。脾充血、出血和肿大。

4. 防治

加强饲养管理，注意做好日常管理和清洁卫生工作，杜绝使用腐败霉变饲料。由于该病原菌带有荚膜，一般消毒药很难奏效，因此最好的办法是隔离病鹌，严格消毒，彻底消灭病原菌，此外，对发生过该病的鹌舍和笼具采用火焰消毒的方法消毒效果更好。具体治疗方法如下。

① 金霉素或四环素按0.03%混料喂饲，连用7天。

② 1克链霉素加入450毫升水中饮水，疗效亦不错。

③ 杆菌肽可作为饲料添加剂，每千克饲料加入0.1~0.2克。

④ 加强饲养管理，搞好鹌舍卫生，对鹌笼和饲具要定期消毒，防止病原的传播。

（十）曲霉菌病

1. 病因

鹌鹑舍或孵化室内卫生不佳，有发霉的食物或饲料，造成室内空气中有病菌孢子分布。

2. 症状

病鹌表现精神沉郁，闭眼缩颈，羽毛松乱，张口呼吸，食欲废绝，有的出现神经症状，剖解后肺表面和切面有针尖大小灰白色结节。气囊混浊，囊壁肥厚，一般雌鹌易感染此病。

3. 剖检变化

雏鹌患此病无明显剖检变化，成鹌患此病时间长，剖检可见有淡黄色腹水，心包积液，肝脏有时有出血，肠黏膜脱落，盲肠有糜烂性溃疡，肺、胸腔内壁、气囊、肠系膜及其他内脏表面有纽扣状霉斑。

4. 防治

防治本病的有效措施是必须废弃霉变饲料或被霉菌污染的饲料。严格检查料槽中的饲料，发现被水淋湿的饲料，立即匀开让鹌鹑当日再加料前吃完。已发酸变味，夏季过夜的湿料坚决废弃。经常用含碘的消毒药品喷雾消毒，可有效预防该种疾病。该病一旦发生应立即停止饲喂霉变饲料，更换新饲料。治疗本病的方法为：制霉菌素按每只鹑5 000单位溶于水中，饮服，连用3天或每只鹑1万单位，每日2次滴服，治愈率可达85%。平时应加强清洁卫生及消毒工作。

二、寄生虫病及防治

（一）球虫病

1. 病因

病禽是主要传染源，其粪便污染饲料、饮水、垫草、用具及禽舍地面后，球虫卵巢在适宜的条件下1~3天发育成侵袭性的孢子卵囊，被健康的幼禽吞后，孢子卵囊钻入肠壁发育，使肠黏膜受到严重损害。苍蝇也是传播球虫的媒介，此外，饲养密度过大，潮湿，饲料中缺乏维生素A、维生素K，都可诱发此病。

2. 症状

雏鹑多发，感染后4~5天开始下痢，排黄褐色或黄水便，重者排血便，肛门周围羽毛被液状排泄物污染而粘在一起。病鹑精神不振，食欲减退，渴欲增加，反应迟钝，缩头拱背，两翅下垂，另立一角，呈嗜睡状，生长停滞，死亡率可达30%。成鹑多呈慢性经过，临床症状与雏鹑相似。病鹑剖解后可见肠壁黏膜肿胀，有出血点，肠内充满混有血液的黄色干酪样坏死物。

3. 剖检变化

死亡鹌鹑嗉囊空虚或充满液体，小肠肿胀，浆膜面呈奶酪样色泽，空肠、回肠呈弥漫性出血和充血，肠道内含有大量血液、黏液，黏膜上有无数粟粒大的出血点和灰白色病灶。盲肠肿大，内有大量黏稠或稀薄血液，肠壁变薄，黏膜呈炎性出血。

4. 防治

① 大群治疗常用青霉素饮水投服，每只按 8 000~10 000 单位给药，连用 5~7 天；痢特灵按 0.02%~0.04% 混料喂给，连用 5~7 天；敌菌净按 0.02%~0.04% 混料喂给，连用 5~7 天。

② 磺胺二甲氧嘧啶以 0.2% 的浓度加入饲料或饮水中，连服 4~5 天效果不错。病重者连喂 2~3 个疗程，每疗程完后停药 3 天。

③ 四黄散，黄连 4 克，黄柏 6 克，黄芩 15 克，大黄 5 克，甘草 8 克，以上成分合在一起研成末，每只鹌鹑每天用 2 克拌料，连服 3 天。

④ 幼鹑与成鹑要分开饲养，定期进行消毒、检疫，发现病鹑及时隔离和治疗。搞好舍内卫生，保持舍内通风、干燥。

（二）石灰脚病

1. 病因

该病病原体为突变膝螨，多寄生在鹑胫部和趾部。

2. 症状

病鹑胫部和趾部发炎，有炎性渗出物，形成灰白色或黄色结痂，严重时可引起关节肿胀，趾骨变形，行走困难，生长受阻，产蛋下降。

3. 防治

加强饲养管理，鹑舍要保持干净清洁，鹑舍及笼具、用品要定期消毒，治疗可用以下两种方法。

① 用 20% 硫黄软膏涂擦患部，每天 2 次，连用 3~5 天。

② 用温水洗去胫部和趾部上的痂皮，然后用 0.1% 敌百虫溶液浸泡 4~5 分钟。

（三）蛔虫病

1. 病因

鹌鹑蛔虫病主要是鹌鹑吃了青菜类饲料中夹带的含有感染性幼虫的蛔虫卵而发生的。蛔虫是肠道中最大型的线虫，呈黄白色线状。

2. 症状

病鹑表现精神沉郁，食欲减退，羽毛松乱，两翼下垂，逐渐消瘦，成鹑产蛋率下降，消化机能障碍，最终因瘦弱衰竭而死亡。

3. 剖检变化

主要病变是小肠、盲肠肿胀，肠壁有点状、斑状出血，呈暗红色。肠道内充满凝血块、血团，内容物混有血液及干酪样坏死物。

4. 防治

及时清理粪便，更换笼底垫布，清理消毒笼底网、粪便，减少鹌鹑与粪便接触的机会。进鹑前对笼网用喷灯火焰消毒，杀死球虫卵囊，防止粪便污染饲料。病情严重的鹑群用三字球虫粉50克+25千克水，混合均匀，饮水3~5天，在24小时停止死亡。球速治50克+50千克水混匀，连饮5天。对于食欲废绝，无饮水欲的病鹑，用滴管吸取上述药液滴滴口，可取得良好的效果。也可在饲料中添加克球粉、氯苯胍、球净等抗球虫药。

三、常见中毒病及防治

生产实践中比较常见的是食盐中毒病。

1. 病因

饲料中咸鱼粉过多（含盐量超过7%）或配料时加错食盐使日粮中食盐过量。

2. 症状

病鹑精神不振，表现口渴，饮水量加大，采食量减少，嗉囊扩张，雏鹑生长缓慢，羽毛蓬乱无光，成鹑产蛋量突然减少，严重者口鼻流出黏液，呼吸困难，拒食，最后痉挛而死。

3.剖检变化

可见皮下组织水肿,食道、嗉囊、胃肠黏膜充血、出血,黏膜脱落。心包积水,心脏出血,腹水增多,肺水肿,脑血管扩张充血,并有针尖状出血。

4.防治

严格控制饲料中食盐的含量,应不超过0.375%为宜,且应搅拌均匀;使用鱼粉、肉粉时应检验食盐含量;饲料中食盐必须使用人用食盐,不应使用工业盐。特别提示:饮用的补液盐是一种由氯化钠、碳酸氢钠、氯化铵、葡萄糖、多种维生素按一定比例配合而成的药品,而不是氯化钠水溶液。如已发生中毒应立刻更换饲料。生产中一旦发生食盐中毒症状,应立即停止饲喂原喂饲料或饮水,更换为正常饲料和新鲜饮水。100千克水中加入速溶多维50克、维生素C 30克、葡萄糖5千克和适量的抗生素饮用3~5天。

四、常见普通病及防治

(一)感冒

感冒是一种呼吸系统的常见病,任何龄期的鹌鹑均可发生,一般以幼鹑多发,尤其在冬春寒冷季节为多见。

1.病因

由于饲养室内的温度或高或低,转群或运输途中受风寒所致。

2.症状

病鹑精神沉郁,羽毛倒立而松乱,呆立不动,严重时颤抖,食欲降低,呼吸困难。最明显的特征是流鼻水,鼻水初期为清稀的浆液,后期转为黏稠的黏液。

3.防治

防治本病的关键是要加强饲养管理,不要让室内温度急剧变化,鹑舍要做到防寒保暖,冬暖夏凉,育雏阶段严格按要求供温,饲养密度不可过大,及时清粪,加强通风,保持舍内空气新鲜。治疗的方法首先要提高室内温度,然后采用药物治疗。

① 用阿司匹林或安乃近每只每次按 0.01 克混于饲料中喂给，一日 2 次，连喂 1~2 天。

② 用 0.02%~0.04% 的土霉素或金霉素，混料连喂 3 天。

③ 用穿心莲、金银花各 30 克，煮水 2 次，供 100 只幼鹌或 50 只成鹌饮用，每天 1 次，连用 3 天。

（二）脱肛

脱肛多发于产蛋率高及经常便秘的鹌鹑。病鹌肛门外翻，周围绒毛湿润，肛门收缩无力，随病程延长肛门脱出越来越严重，久之会溃疡、坏死，甚至被其他鹌鹑啄食，引起死亡。

1. 病因

① 开产过早或产蛋高峰期时，体质瘦弱或营养过剩，造成输卵管内膜油质分泌物不足。

② 饲料配合不合理，粗纤维过多或过少，维生素 D_3 不足。

③ 母鹑患子宫内膜炎或公鹑强制交配，易发生脱肛。

2. 防治

应从饲养管理方面入手，及时采取措施，消除各种诱因。对病鹑的治疗，可先将其肛门附近的污秽羽毛剪去，然后用温水配制 0.1% 高锰酸钾溶液清洁患处，即可将脱出的肛门还纳。

（三）啄癖

啄癖一般有啄羽癖、啄蛋癖、啄肛癖等。

1. 病因

鹌鹑发生啄癖现象通常是由于饲养管理不善所引起。

① 日粮配合不合理。日粮中蛋白质含量不足或缺乏某些营养成分，如某种必需氨基酸、维生素或矿物质（最常见是缺乏食盐），都有发生啄癖的可能。

② 不按龄期、公母、大小、体质强弱分群饲养，易引起以大欺小、以强凌弱，弱者无力抵抗被啄食，严重者可被啄死。

③ 如果鹌鹑有体表损伤，输卵管或直肠垂脱现象，如不及时隔

离治疗，就会招惹其他鹌鹑啄食。

④ 鹌鹑舍内通风不良、室温过高、湿度过大、光线过强或饲养密度过大，均可诱发啄癖。

2. 防治

从饲养管理方面入手，及时采取措施，消除各种诱因。

① 啄肛癖应及时调整饲料，适当降低饲养密度，在饲料中加蛋白质饲料，将脱肛鹌鹑取出隔离饲养，啄伤处涂上紫药水或四环素软膏，同时注意补充动物性蛋白质饲料，如鱼粉、血粉等；或以每50千克饲料中添加硫酸亚铁10克、硫酸铜1克、硫酸锰2克，连喂10~15天，疗效良好。

② 在1~9日龄时采取断喙尖措施，可防止啄癖发生。

③ 啄趾鹑应在饲料中添加必需氨基酸及维生素，破趾及时治疗，防止感染，鹑舍保持清洁卫生。

④ 啄羽鹑应隔离饲养，加强环境卫生，调整饲养密度。在患鹑饲料中，每只鹌鹑每天喂给0.3克天然石膏粉或0.3~1克硫酸钙或按日粮的0.2%加入蛋氨酸，或在被啄鹌鹑的身上涂抹煤油或柴油，以防啄羽。

⑤ 啄鼻鹑应加强饲养管理，保持水料卫生，日粮要充足，饲料中增加蛋白质饲料或鱼粉等。

⑥ 啄蛋鹑要保证供给全价饲料，日粮中添加适量蛋白质、骨粉或贝壳粉。将1~2个软壳蛋及少许蛋壳用柴油水浸泡后放入笼内，可使有啄蛋癖的母鹌鹑很快改变恶癖。为防止啄蛋，可以将鹌鹑笼子底部做成坡式，产下的蛋会自动滚出。

（四）难产

1. 病因

① 输卵管炎症造成病理性堵塞可引起难产。

② 饲料配合不合理，雌鹑脂肪过多，造成输卵管堵塞引起难产。

③ 雌鹑受到碰、撞、握等机械损伤，均可引起难产。

④ 母鹑体质过弱，导致子宫收缩无力引起难产。

2. 症状

母鹌产蛋时表现神态不安,或有产蛋动作但始终产不出蛋,用手触摸腹部有蛋存在的感觉,若长时间产不出蛋,母鹌会窒息而亡。

3. 防治

产蛋鹌的饲料配方应严格按饲养标准合理配制,做到营养平衡,工作中尽量避免对鹌鹑造成机械损伤。若因输卵管脂质过少而引起难产,可灌服少量润滑油,然后按摩腹部进行助产;若因衰弱或无力而引起难产,可服红糖水或益母草煎剂,因输卵管炎症引起的难产一般不易治好,应淘汰。

第九章

鹌鹑产品的加工与贮藏

第一节 鹌鹑蛋的贮藏保鲜及加工方法

一、鹌鹑蛋的贮藏与包装

鹌鹑蛋是蛋用鹑场或养殖户最主要的产品，鹌鹑蛋营养丰富，不仅含有丰富的蛋白质，而且还含有珍贵的芦丁、脑素和卵磷脂等，但如果贮藏方法不当，或贮存时间过长，营养就会损失，甚至变坏。因此，鹑蛋的贮藏保鲜、包装与销售也是生产中很重要的环节。

（一）选蛋

优质的鹑蛋蛋壳为灰白色，蛋形正常，蛋壳结实，上有红褐色或紫黑色的斑点和小斑块，色泽鲜艳，外形美丽，蛋重在10~13克，蛋黄深黄色，蛋白黏稠浓厚。在选蛋的时候应将软壳蛋、畸形蛋和破损蛋加以剔除，不要出售。如果出现大量的低质量蛋壳或软壳蛋时，要检查饲料的配比是否出了问题，矿物质和维生素的用量是否合理，发现问题及时解决。种蛋要来自产蛋多、蛋质好、没有任何疾病的种鹑群。如果发现有蓝色、茶色或青色的鹌鹑蛋应剔除，因为这种颜色的蛋是老鹑和病鹑所产，质量差，不能留作种用。种蛋的大小要适中，蛋形应纵轴长约2.5厘米，重量以10~13克为宜，过大的蛋受精率低，胚胎后期死亡多，过小的蛋孵出的鹌鹑小而无力，过圆、过长或黏有粪垢的蛋不宜作种蛋孵化。

（二）贮藏

鹌鹑蛋蛋壳较薄，但组织严密，内壳膜比鸡蛋坚韧，壳面有一层黄色油脂，在炎热夏季贮藏50~60天一般不易变坏，比鸡蛋耐贮藏。但贮存时间较长的话，营养就会损失，蛋的质量会变差，因此，一般不要保存时间太长，尽量及时想办法销售出去。蛋的数量较少时，可贮存在空气新鲜、流通，蚊、蝇和老鼠无法侵入的贮蛋橱内。大规模饲养要设立蛋库，将蛋保存在蛋库内，蛋库温度以0~4℃为佳，湿度在80%~90%，要求蛋库干净、整齐、密封性好。

（三）包装

鹌鹑蛋蛋壳较薄，容易破损，因此要轻拿轻放，防止破损变质，包装时更要注意。外包装可采用特制木箱、纸箱、塑料箱等，内包装采用蛋托（图9-1）或纸格，将蛋的大头朝上，装入蛋托或纸格内，每格放蛋一枚，不得空格漏装，层层叠放，使鹌鹑蛋不致相互碰撞。也可利用木箱或纸板箱，底部铺一层稻壳，上面放一层鹌鹑蛋，撒上一层木屑或稻壳再放一层鹌鹑蛋，层层间隔，以防运输途中的破损。

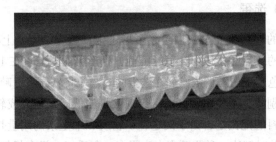

图9-1　鹌鹑蛋包装盒

（四）运输

运输工具应清洁卫生，无异味，在运输搬运过程中，应轻拿轻放，防潮、防暴晒、防雨淋、防污染和防冻。

二、鹌鹑蛋的加工方法

（一）虎皮蛋罐头的加工

1. 加工工艺

原料蛋选择→清洗→分级→预煮→剥外壳→油炸→配汤→灌装→排气→杀菌→冷却，保温→打检→包装→成品。

2. 调味配方

食盐 2 千克，酱油 5 千克，茴香 0.1 千克，桂皮 0.1 千克，味精 0.04 千克，白糖 0.5 千克，水 60 千克。

3. 加工方法

（1）鲜蛋检验　用感官法和透视法进行检验，剔除次劣蛋和变质蛋。

（2）清洗分级　将合格的鲜蛋放入 30℃ 左右的水中浸泡 5~10 分钟，然后捞出，用清水冲洗去蛋壳上的杂质、粪便等，并按大小分级，以使同罐中的蛋大小均匀。

（3）预煮、剥壳　将洗好的蛋放入 5% 食盐溶液中煮沸 3 分钟，待鹌鹑蛋熟透后捞出，立即用冷水冷却，然后剥壳，剥壳时尽量不要损坏蛋白。剥壳后再放入 50℃ 左右的水中浸泡 15~20 分钟，反复漂洗，洗去蛋壳膜。

（4）油炸　剥好的蛋沥干水分后，放入 180~200℃ 的植物油中炸 3~5 分钟，待蛋白表面炸至深黄色，并形成皱纹时可捞出，沥干油后装罐。

（5）配汤　将调味配方中的茴香、桂皮等香辛料用纱布包好，放入清水中煮沸 40~50 分钟，当有浓郁香辛味逸出时加入食盐等辅料。待食盐、白糖溶解后，停止加热，汤汁用纱布过滤，保持汤汁在 80℃ 以上备用。

（6）装罐　在已消毒的玻璃瓶中加入炸好的虎皮蛋 300 克，再加上配置好的汤汁（80℃）200 克，并扣上罐盖。

（7）排气、封罐　热力排气，中心温度达 80℃ 以上；真空密封，真空度 46.6~53.3 千帕（350~400 毫米汞柱）。封罐后及时检查，挑出封口不符合要求的罐。

（8）杀菌、冷却　将已包装好的蒸煮袋，放入高压杀菌锅内杀菌。其温度为 118℃，反压冷却，时间为 5~25 分钟。

（9）擦罐、保温　冷却至 40℃ 左右，立即擦净罐面，移入保温室，在 37℃ 左右保温 5 昼夜。

（二）五香熏鹌鹑蛋的加工

1. 加工工艺

选蛋→煮蛋→去壳→煮制→晾干→熏制。

2. 配料标准

每 50 千克的鹌鹑蛋需食盐 1 千克，酱油 2 千克，花椒 250 克，肉蔻、大料、大葱、辣椒、桂皮各 50 克，白糖 2.5 千克，净膛鹌鹑 20 只。

3. 加工方法

前面的选蛋、煮蛋和去壳 3 个环节和虎皮蛋罐头的要求相同，将去壳的熟鹌鹑蛋准备好后，将净膛鹌鹑放入锅内，加入凉水 2 千克及食盐、酱油等配料，烧开，然后用文火炖 2 小时，把净膛鹌鹑连同作料一齐捞净，再放入剥好的鹌鹑蛋，用文火炖 1 小时，捞出晾干。熏制时把晾干的鹌鹑蛋放在铁筛上，放入烧热的铁锅内，锅底内事先放些桃木屑，出现浓烟时盖上锅盖，熏制 20 分钟出锅，即为成品。

（三）无铅鹌鹑皮蛋的加工

1. 加工工艺

选蛋→装缸→罐料→成熟→涂膜保质。

2. 配料标准

加工约 50 千克无铅鹌鹑松花皮蛋所需的配料标准：开水 62.5 千克，氢氧化钠 2.5 千克，食盐 1.5 千克，氯化锌 80 克，五香粉 500 克，红茶末 600 克。加工前将红茶末、五香粉、食盐称量好，放进配料缸中，加入开水，并不断搅拌，待料溶解后加入氢氧化钠并搅拌，冷却后加入氯化锌，搅匀，静置24小时备用。

3.加工方法

无铅鹌鹑松花皮蛋加工用的鹌鹑蛋，应该是5天内的新鲜蛋，首先将鹑蛋中过大过小的、有裂纹破损的、无花纹的、脏的等不合格的鹌鹑蛋全部剔除。将选好的蛋用清水洗净后，再装进无裂缝和沙眼、洁净的陶缸中，装缸时，鹌鹑蛋要放平放稳，当装到离缸口20厘米时，盖上竹片，压上适当的石块，再罐料。将准备好的料液浇入缸中，灌倒超过蛋面5厘米时封口保存，注意保持蛋在缸中静止不动。鹌鹑皮蛋成熟最适宜的温度为16~20℃，成熟时间20天左右。气温高时间稍短，气温低时间稍长。鹌鹑皮蛋成熟后，立即出缸用上清液清洗，摆在蛋盘上晾干，干后表面涂一层石蜡，再用塑料薄膜包装，保存效果好，且便于食用、干净卫生。如果再将一定量的无铅鹌鹑松花皮蛋用特制的蛋盒包装销售，使用起来就更方便了。

（四）盐水鹌鹑蛋

1.加工工艺

选蛋→煮蛋→去壳→清洗→腌制。

2.配料标准

每50千克鹑蛋需开水50千克，盐250克，花椒50克。

3.加工方法

首先将鹑蛋中过大过小的、有裂纹破损的、无花纹的、脏的等不合格的鹌鹑蛋全部剔除，合格的全部倒入盛满凉水的锅中，轻轻搅动，使水朝一个方向旋转，保证蛋黄落在蛋的中心。并用开水煮15分钟后捞出，放入一瓷盆内上下颠动，使其蛋壳破碎，然后从蛋的尖端剥离蛋壳，剥好的熟鹑蛋用水洗净。腌制时把花椒、盐放入开水中，冷却后捞出花椒，滤出沉淀物倒入坛中，将洗净的熟鹑蛋放入坛中腌制，腌制时间长短、盐分多少，要根据温度、口味来定，一般经1~2小时鹑蛋即可入味。

第二节 鹌鹑的屠宰及加工

鹑肉营养丰富,味道鲜美,作为肉用的鹌鹑有3种,一种是产蛋能力差的淘汰鹑,母鹑饲养一年后,产蛋能力就会下降,如果继续饲养下去,经济上不划算,这时就需要淘汰作为肉用鹑;第二种是育肥的雄仔鹑;第三种是专门饲养的肉鹑。

一、屠宰前的准备工作

鹌鹑屠宰前的准备工作十分重要,因为它直接关系着鹌鹑酮体的质量。鹌鹑屠宰前需做好以下几方面的工作。

(一)确定屠宰计划

屠宰前首先要调查了解鹌鹑淘汰出栏的数量,考虑自身的屠宰加工能力及运输能力,调研和预测加工后各类产品的销售市场及价格,依据这些因素确定屠宰数量和收购、屠宰的进度。

(二)准备好屠宰设备和用具

屠宰加工前要检查设备和用具是否能正常使用,有无损坏,发现问题及时维修和完善。

(三)各类产品包装用品及存放场地的准备

屠宰加工的过程是分别采集各类产品的过程,因此对每类产品的包装用品应有足够的准备,并要确定存放场地。每类产品需用什么包装、需用多少、场地大小,要根据屠宰规模、数量和产品出售的时间而定。如屠宰规模大、数量多、短时间难以销出,就需较多的包装盒和较大的存放场地。

（四）鹌鹑准备

屠宰前的管理工作主要包括宰前检验、宰前休息及禁食和宰前淋浴3个方面。

1. 宰前检验

凡是需要屠宰加工的活鹌鹑，屠宰前都应经过一定方式的检验合格后，才可以进行鹌鹑产品的加工。检验的方法：可先对大群进行整体观察，然后再逐只检查，通过看、触、听、嗅等方式来观察鹌鹑精神状态、形态表现、食欲与粪便等具体情况。健康的活鹌鹑，眼睛明亮有神，对外界反应敏感，两翅紧贴身体，肛门附近绒毛干净清洁，腿脚健壮有力，体温恒定，性格活泼好动，不蜷伏角落。而病鹌鹑呆板无神，眼紧闭或半闭，两翅、尾部下垂，肛门周围的绒毛沾有污物，腿脚行动无力，步伐不稳，食欲不振，离群孤立，蜷伏不动，粪便表现为白色或黄绿色，只有检验合格的鹌鹑才可进行屠宰加工。如果经检验发现病鹌鹑，应立即采取隔离措施，并对发现病鹌鹑的群体立即处理。对于已隔离的病鹌鹑，应当及时请兽医诊断鉴别。如为一般性病症，应单独宰杀，高温灭菌后再加工；若是急性、亚急性传染病，应当用焚烧或深埋的方法处理，避免疾病蔓延，对发现病鹌鹑的鹑舍，应立即采取消毒措施，避免交叉感染。

2. 宰前休息

鹌鹑在屠宰前应保证安静休息12小时以上，宰前6小时停止喂料，宰前3小时停止喂水，以免宰杀时肠胃内粪尿过多造成污染。

3. 清洗

宰杀前要对鹌鹑进行淋浴或水浴，这样不仅可以清洁鹑体，改善操作卫生条件，使宰后的鹑体清洁，避免污染，而且还可以促进血液循环，放血干净，提高肉品质量，延长肉品的保存时间。一般可以用自来水管子对鹑体直接进行喷淋，也可以在通道上设置数排淋浴喷头，在鹌鹑经过时完成淋浴。

二、屠宰工艺流程

屠宰加工有手工操作，也有流水线作业。在我国大多是采取了手工和部分机械结合的生产线，这样可以减小劳动强度，提高工作效率。鹌鹑屠宰的工艺流程包括：宰杀→放血→浸烫→脱毛→除内脏→卫检→修整→初加工，有带皮屠宰和去皮屠宰两种方法。

（一）带皮屠宰

包括宰杀、放血、浸烫、脱毛、开膛和卫生检验6道工序。

1. 宰杀、放血

经过断料和停水处理的鹌鹑分批运到屠宰间集中屠宰。鹌鹑的屠宰方法有折背法和放血法两种。折背法即从腰骨稍微往上将背骨用拇指压折，这时鹌鹑展翅挣扎，10秒钟左右死亡，由于没有放血，故肉呈红色；放血法是用小型刀从颈下喉部切断血管、气管和食管，鹑头朝下将血放出，这样屠宰的鹌鹑肉发白，烹制和保存也不容易变色。

2. 浸烫、脱毛

不论用何种方法屠宰，宰后应立即把鹌鹑放在56~60℃热水中浸泡30秒，一定要将整个羽毛浸透，然后放到脱毛机内脱毛，包括将脚上的皮一起脱掉，并将体表残留的细小绒毛和血管拔净，清洗干净整理好就可以开膛处理了。

3. 去除内脏

开膛的方法一般有腹部开膛和胸部开膛。腹部开膛的鹌鹑主要是加工成为全胴制品，通过腹部肛门处开膛取出内脏，以便在烤、烧、腌、卤时能在腹内存放调味的佐料，同时油脂和肉汁也不易向下流失，有利于保持原来的香味。开膛时在腹部靠近肛门处开一小口，再在肛门四周作一环形切口，手指伸进取出内脏。胸部开膛时从胸骨到肛门中线开一个切口，然后取出内脏。开膛后的胴体，在腹腔内仍残留有血污，应及时在清水中清洗，然后沥尽腔内的积水。

4. 卫生检验

卫生检验应由专职的卫检人员进行，主要检验两方面的内容，即检验酮体和检查内脏器官。酮体检验的主要目的是看其品质，合格酮体色泽正常、无毛、无血污、无粪物、无胆汁污、无杂质；内脏器官检查主要是观察其颜色、大小，以及有无淤血、充血、炎症、脓肿、肿瘤、结节、寄生虫及其他异常现象，凡有过瘦、破皮、受伤、红头、破胆、变形、变色等现象的胴体为不合格商品，要剔除掉。

5. 胴体修整

酮体检验后，去掉病脏器，洗净脖血，用特制纸或海绵等擦去胴体表面血污和附毛以及腹腔内的血斑、残脂和污秽等，或用高压自来水喷淋酮体，冲去血污、附毛，进入冷风道冷却沥水；修除体表和腹腔内表层脂肪、胴体内残余内脏等。

（二）去皮屠宰

鹌鹑屠宰时用手指在鹑头脑部使劲弹一下，使其昏迷，随后用手指撕开它的腹部表皮，把它的皮肤连羽毛一起和身体分开，用剪刀剪去喙（或头部）和胫部，然后采用腹部开膛或胸部开膛的方法将内脏去除即可，然后进行卫生检验和胴体修整。

第三节 鹑肉的贮藏保鲜及加工方法

一、鹑肉的贮藏保鲜

（一）冷藏

经检查合格的鹌鹑胴体，需送到冷却间冷却 1~2 小时。冷却间温度 0~4℃，相对湿度 85% 左右为宜。经过 1~2 小时的预冷（也称冷却）可使鹑体表面的水分蒸发，形成一层干燥膜，防止微生物的侵入和繁殖，并有利于提高冻结效率和好的商品质量。

（二）包装

在冷却结束后需要对鹌鹑肉进行真空包装，如每袋装5~10只或每袋净重5.0千克、每箱净重10.0千克等。包装时为了保持外形美观，要将两翅及腿贴紧鹑体，腹部朝上，背部向下。

（三）急冻和冷藏保鲜

装箱后鹑肉如要保存较长时间或远途运输，必须加以冷冻，放入温度在-25℃以下，相对湿度90%的速冻间，速冻不超过48小时。以后在-18℃、相对湿度90%的条件下冷藏保鲜，保藏期6~12个月。为了保持肉质新鲜，防止冷藏过久影响肉质，应尽量缩短冷藏时间。

二、鹑肉的加工方法

鹑肉可加工成五香鹌鹑、脱骨扒鹑、熏鹌鹑、脆皮鹌鹑、鹌鹑肉干、槽香鹌鹑、虫草鹌鹑等。

（一）五香鹌鹑

1. 加工工艺

腌制→造型→油炸→卤煮→冷却→包装→灭菌→检测→装箱。

2. 配料标准

鹌鹑50千克，酱油5千克，盐13.5千克（12.5千克用于腌制，1千克用于卤煮），糖1千克，黄酒500克，味精200克，八角30克，花椒25克，茴香16克，桂皮15克，丁香10克，葱100克，生姜60克。其中八角、花椒、茴香、桂皮、丁香用纱布包扎在一起。

3. 加工方法

（1）腌制　将冲洗干净的鹌鹑晾干水分，增加胴体硬度，然后，将细盐敷擦于体表和内腔壁，用盐量为鹌鹑重量的2.5%。腌制时间根据气温高低，冬季长，夏季短，在常温下一般腌制1~2小时，经腌制后，再用清水将鹌鹑洗干净。

（2）造型　压平鹌鹑胸脯，将两腿交叉，使跗关节套叠插入肛门处的开口处。

（3）油炸　将经过造型的鹌鹑投入油锅内，油炸2~3分钟，锅内油温180~210℃。待表面呈棕黄色，便迅速捞出，依次摆放在筐内沥油冷却。

（4）卤煮　将各种配料放入锅中，倒入老汤，并添加与鹌鹑等重的水，然后将油炸过的鹌鹑放入煮制，温度控制在90~95℃，煮1小时左右。

（5）冷却　将经过卤煮的鹌鹑从锅中捞出，保持完整，不破不散，再放进冷却间冷却。冷却间温度为4~7℃。

（6）包装　将冷却后的鹌鹑，在包装间中准确计量，用蒸煮袋包装，并用真空包装机抽真空和封口。

（7）灭菌　将已包装好的蒸煮袋，放入高压杀菌锅内杀菌。温度为121℃，反压为12.7~14.5兆帕，时间为5~10分钟。

（8）检测　从高压杀菌锅中取出蒸煮袋，擦干表面水分，检查有无漏气破袋，并逐批抽样进行理化、微生物检验。

（9）装箱　将经检验合格的产品装入包装彩袋中封口，然后装入箱中，即可上市销售或入库贮存，其库温保持恒定，一般在0℃左右。

（二）脱骨扒鹑

1. 加工工艺

整形→涂色→油炸→酱煮→包装。

2. 配料标准

每10只鹌鹑需食盐50克，酱油5克，花椒、大料、小茴香、草果各1克，山柰、良姜、丁香、白芷、桂皮、陈皮、肉蔻各0.5克，白糖少许。

3. 加工方法

将清洗干净的鹌鹑右翼插进其喙内，从喙中穿出放在右翼下，再将双腿塞进腹腔，腿关节交叉，然后集中。将白糖炒成糖色，用水调好，均匀浇在胴体上挂起吹干。着色后的胴体放入油锅中炸5分钟，待炸至肤色呈金黄色时，迅速起锅，在汤锅中放入适量清水、酱油、食盐，加入花椒等调料，烧开后做成酱汤。将炸好的鹌鹑放入100℃的酱汤锅里煮，锅底预先铺垫一层铁丝网，使胴体与锅底有一段距离，以防黏锅。投入装有山柰、良姜等佐料的料包，压上竹片同煮，大伙烧开后，改为小火，使肉烂骨酥，作料味浸透肌肉，待锅内不冒气不泛泡时出锅。出锅时，漏勺要平稳，保证成品完整。

（三）熏鹌鹑

1. 加工工艺

整形→煮制→熏制。

2. 配料标准

每10只鹌鹑需食盐15克，酱油5克，花椒、大料、桂皮各1克，鲜姜、大葱各3克，黄酒6克。

3. 加工方法

将鹌鹑清洗后沥净水分，用手掌自其背部用力向下压成扁平状，放入100℃锅中煮，加入酱油等各种作料，边煮边撇去汤面漂浮的沫子等物。期间翻动2~3次，以免黏锅或成熟不均匀，煮1~1.5小时捞出，摆在铁丝网上一起放进干净、干燥的铁锅里。锅里事先放些糖或桃木锯末，盖好锅盖，锅热后引起锅内的糖或锯末生烟，用此烟熏5~10分钟，就可打开锅盖。此时，烟将鹌鹑皮肉熏成红黄色，往熏好的鹌鹑上刷一层香油，成品熏鹌鹑即可完成。

（四）鹌鹑肉干

1. 加工工艺

剔骨→初煮→冷却切片→复煮→烘干→装袋。

2. 配料标准

鹌鹑肉在加工中要煮沸2次。初煮配料：半成品肉片5千克，精盐50克，白糖50克，安息香酸钠5克，味精20克，甘草粉18克，姜粉、胡椒粉各10克，料酒150克，优质酱油0.7千克。复煮配料：枸杞15克，远志15克，益智仁10克，熬成汤汁300毫升左右,在复煮时倒入初煮的肉汤里。

3. 加工方法

取鹌鹑胸脯和大腿肌肉,置于冷水中浸泡 0.5~1 小时,洗净余血后沥干,将沥干的肉块放入添加初煮配料的锅内水中煮沸,并随时撇掉汤中的油沫。初煮 1 小时左右,将初煮后的肉块捞出置于竹筐中冷却,然后把肉块切成厚约 0.5 厘米的肉片,把片料放入复煮汤料中再煮,煮时不断翻动,待汤快熬干时,再加入料酒、味精搅匀即可出锅。将出锅的肉片置于烤筛上摊开,使其冷却后连同烤筛一起放入烘箱里,温度保持 50~60℃,每隔 1~2 小时换一次筛的位置,并翻动肉片,约经 7 小时即可烘干。将烘干的肉片冷却后,装入食品塑料袋中封口即成。

(五)脆皮鹌鹑

1. 加工工艺

腌渍→涂抹→炸制→成品。

2. 配料标准

鹌鹑 10 只,香菜 5 克,淀粉 50 克,精盐 1 克,辣椒油 15 克,酱油 25 克,生姜 50 克,豆油 1 000 克(实耗 60 克),大蒜 25 克,味精 1 克,辣大酱 50 克。

3. 加工方法

① 将鹌鹑洗净,用尖竹针将鹌鹑胸内扎几个小孔(但不要将鹌鹑皮扎破),入瓷盆,加酱油、精盐、胡椒粉、花椒水、葱块、姜块(拍松),腌渍半小时,入味。

② 将大蒜去皮,剁成细末,装碗,加入芝麻油、姜末、酱油和发好的芥末粉、味精调成调味汁,待用。

③ 再将腌渍好的鹌鹑用铁钩吊起,挂竹棍上晾干;淀粉装入瓷碗,加入温水 150 毫升,搅拌均匀,涂抹在晾干的鹑皮上;每隔 3 分钟抹 1 次,共抹 3 次,使鹌鹑体表呈现出一层微薄的粉霜。

④ 炒锅烧热,放入豆油,烧至五成熟时,用漏勺托着鹌鹑,速用手勺往鹑体腔内连续浇热油。鹌鹑烧至九成熟时,放入八成热的油锅里,炸至表皮起脆时,捞出即可。

⑤ 食用时,各配辣椒油、蒜芥末卤一碟,辣大酱一碟,供蘸食,即可。

(六)槽香鹌鹑

1. 加工工艺

腌渍→蒸制→槽制→成品。

2. 配料标准

鹌鹑800克,黄酒200克,大葱50克,盐8克,姜10克,味精2克。

3. 加工方法

① 将白条鹌鹑斩去头、颈、脚,置于容器内,用精盐擦遍全身,加入绍酒40克、葱段(拍松)、姜片搅匀,腌渍30分钟,上屉用旺火蒸约40分钟即熟。

② 将蒸好的鹌鹑取出晾凉,每只斩成4块,码于容器中,盖上洁净纱布。将香精200克置于另一容器内,加入绍酒160克,滗入蒸鹌鹑的原汤,搅拌均匀后倒入鹌鹑容器内的纱布上,加盖盖严,槽约3小时。食用时,揭去纱布,槽渣,将鹌鹑码盘,卤内加入味精,浇在鹌鹑上即可。

(七)虫草鹌鹑

1. 加工工艺

焯水→蒸制→成品。

2. 配料标准

虫草8克,鹌鹑8只(约1 000克),姜片20克,葱段15克,精盐5克,鸡汤适量,胡椒粉1克。

3. 加工方法

① 将虫草用温水洗净,白条鹌鹑放入沸水锅内焯一下捞出。

② 将虫草分放在8只鹌鹑腹内,用线缠紧放在罐内,放入盐、胡椒粉和鸡汤,用棉纸封口,上笼蒸约40分钟,取出后揭去棉纸,拆线即成。

参考文献

[1] 唐晓惠、李龙. 鹌鹑养殖新技术. 湖北：科学技术出版社，2011.
[2] 向钊、张毅、王维林. 怎样养鹌鹑. 西南：西南师范大学出版社，2009.
[3] 王祈. 鹌鹑养殖技术. 北京：中国三峡出版社，2008.
[4] 杨治田. 图文精解养鹌鹑技术. 中原：中原农民出版社，2005.
[5] 杨治田. 鹌鹑养殖技术图说. 郑州：河南科学技术出版社，2001.
[6] 孟春莲、孟福智. 养鹌鹑技术. 太原：山西高校联合出版社，1990.
[7] 林启鹏、柯青. 鹌鹑的饲养与经营. 福建：科学技术出版社，1983.
[8] 侯放亮. 饲料添加剂应用大全. 北京：中国农业出版社，2003.